KUWEI
酷威文化
图书 影视

墨菲定律

萧雨 / 著

四川文艺出版社

目　录

CONTENTS

第一章

可能出错的，终将会出错

你是否也曾遭遇过这样的情况——

掐好时间出门上班，结果一路上状况不断：先是公交迟到，后是道路塞车；匆匆忙忙赶到公司，结果又遇到电梯维修；紧赶慢赶，最终还是迟到了。

登台演讲，认认真真讲了三十多分钟，感觉没有人在听你讲些什么；一不小心犯了个错误，却感觉有几百双眼睛齐刷刷地盯着你。

因为害怕突然下雨，一连几天随身带伞；今天换了个包，把伞忘在了家里，结果偏偏就突然下雨了。

新购买了股票，却总是害怕下跌，可越是害怕，股价越是走低；终于忍痛“割肉”，却发现自己刚刚脱手，股价就涨了起来。

……

遇到这样的情况，大多数人都会不由自主地感叹一句："我真是太倒霉了！"不过，你也不必太过沮丧。尽管这样的经历的确挺不走运，但原因并不在于你是一个"倒霉蛋"，而是缘于你遭遇了大名鼎鼎的墨菲定律。

墨菲定律亦称墨菲法则、墨菲定理，由爱德华·墨菲提出。其与"帕金森定律""彼德原理"一起，并称为20世纪西方文化三大发现。与此同时，墨菲定律也是最为大众所耳熟能详的定律之一，大到社会运行、企业管理，小至个人职场、日常生活，它几乎无处不在，无处不适用。而关于墨菲定律的著作更是不计其数，不同的人试图从不同的角度挖掘出墨菲定律背后的真相。有人说它是迷信，是无稽之谈；也有人认为它是世界上最有用、最科学的定律。

那么，究竟什么是墨菲定律呢？爱德华·墨菲的原话是这样说的："如果有两种选择，其中一种将导致灾难，则必定有人会做出这种选择。"从本质上讲，他阐述了这样一个道理：如果事情有变坏的可能性，那么即使这种可能性小到0.0001%，它也总会发生。简单来讲就是"可能出错的，终将会出错"。

◇ 脱口而出的经典定律

1949年的加州爱德华兹空军基地，晴空万里，军官们正在进行一项代号为MX981的高速火箭滑车试验项目。试验的最终目的是为飞行员建立一套更加完善的安全系统，设计出更具安全性的未来飞机。

在此期间，航空领域正经历一项巨大的变革。航空动力从螺旋桨向喷气发动机过渡，飞机的飞行速度和高度都有了大幅度的提升，但这也对飞行的安全性提出了更高的要求。美国军方试图测试出人体在瞬间减速时承受冲击的能力极限，以最大限度保证坠机事故发生后机上人员承受的重力加速度在极限范围之内，从而保障高速状态下的飞行员被平安弹射落地。长久以来，在军用机生产遵循的标准中，这一项指标的极限数字为18个g，但二战期间的一些真实的坠机事例证明，这一数字并不准确；而随着飞机性能的提升，这一极限数字的可靠性更将大打折扣。因此，进行一次严谨的科学实验，便变得尤为重要。

为了实验的顺利开展，项目组制作了一台绰号“哇呀”的火箭滑车，通过启动不同数量的助推器以及调节制动器的压力，模拟坠机时飞行员可能受到的冲击。军方主管约翰·斯塔普上尉自告奋勇，成为被安装在滑车之上的实验对象。实验从 1945 年开始到 1949 年，这一极限数字已经基本框定在 35 个 g 左右。为了进一步提升实验的精准度，斯塔普上尉特别邀请了正在莱特航空研究中心进行另一个类似项目的空军上尉工程师爱德华·墨菲，带上他的专用电子测量仪，精准测量滑车骤然停止时人体所承受的确切重力单位。

没错，“墨菲定律”中的“墨菲”确有其人。作为一名空军上尉工程师，爱德华·墨菲的职业生涯不乏可圈可点之处。他擅长机电工程，长期在莱特航空研究中心负责技术工作，曾参与研究了 SR–71 侦察机、XB–70“女武神”轰炸机、X–15 火箭飞机等军机，并参与研制了“阿波罗”载人航天飞船和“阿帕奇”武装直升机的生命保障系统。关于 MX981 实验项目，爱德华·墨菲并非直接的参与者，但是由于他的电子测量仪被意外牵连进了这一测验，因而更加意外地出产了“墨菲定律”

这样一个“副产品”。

墨菲的电子测量仪被成功运达试验现场。技术人员将仪器安装完毕，一切准备就绪。在新一轮试验开始之后，意想不到的一幕发生了：一向精准、专业的测量仪产生的测试读数，竟然是零！这意味着本次昂贵又危险的试验，完全白费功夫。关于测量仪失灵的具体原因，已经在时光的冲刷下模糊不清了。有些观点认为，是接线错误导致的读数失灵；也有观点认为应变片在转换器上的安装角度出现了问题。但总而言之，仪器在全体工作人员有条不紊的操作下，出现了十分低级的安装错误。或许是由于意识到了仪器在设计上本身是存在疏漏的，“我没有考虑到所有的可能性”；又或许单纯是为了数落一下粗心大意的安装人员，“如果有什么方法能让事情出错，他就会这么做”；总之，爱德华·墨菲讲出了那句“金句”：“如果有两种选择，其中一种将导致灾难，则必定有人会做出这种选择。”

这次测试结束之后，墨菲很快返回了莱特航空研究中心，但他那句脱口而出的金句，却在爱德华兹空军基地流传开来。为了不重蹈覆辙，整个团队在此后的试验中都格外谨慎，不放过任何一个可能出现的错误。也正因如此，在一次介绍 MX981 项目进展的新闻发布会上，当记者问约翰·斯塔普上尉“为什么在如此危险的试验当中，没有发生过严重的伤亡事故”时，斯塔普上尉回答说：“那要归功于我们所有人都谙熟‘墨菲定律’，在试验之前就会考虑到所有出错的可能性，并做好预防措施。”借助媒体的力量，墨菲定律不胫而走，并迅速成为20世纪西方文化三大发现之一。

◇ 一半是警示，一半是玩笑

爱德华·墨菲一定不曾料到，他的一句随口之言不仅迅速家喻户晓、风靡全球，产生广泛的共鸣，而且极具生命力，在被人们讨论了长达半个多世纪之后，依旧经久不息。如果要选出近代以来对人类生活影响巨大的定律，毋庸置疑，墨菲定律一定会榜上有名。

墨菲定律为什么能够流行？让我们看看 MX981 项目成员是怎样说的。乔治·尼科尔斯认为，墨菲的“脱口而出”之所以能够最终演变成为整个团队的座右铭，离不开其为整个团队带来的警示作用。“如果一件事能发生，它就会发生……所以必须事先检查一遍然后自问，如果这一部分出了问题，整个系统还能正常运行吗？这个系统还能实现其应有的功能吗？问题具体出在哪里了呢？”不难看出，墨菲定律以戏谑的口吻，向所有人强调了一个严肃而必要的道理:“犯错误是人类与生俱来的弱点。”

这一道理并不复杂，但常常为人们所忽视，特别是在乐观主义盛行的20世纪中叶。墨菲定律诞生的时代，正是科技高度爆发、经济飞速增长的20世纪中叶。人类解放了核能，飞上了太空。新科技发展速度之快、成果规模之大、影响范围之广，是人类历史上前所未有的。整个世界笼罩在一种盲目的乐观主义情绪当中。人们相信，借助技术的力量，人类不仅可以改造自然，甚至完全可以征服自然。墨菲定律的出现，无疑为当时的人们敲响了警钟:无论科技如何发达，人始终会出错。“错误”与我们一样，都是这个世界的一部分。人们狂妄自大也好，心存侥幸也罢，墨菲定律总能奏效。

也正因如此，墨菲定律被全球很多国家的空军和航空公司纳入必须严格遵循的法则，并为高精尖研发、安全管理等领域所推崇。墨菲定律所确立的设置冗余度的必要性，正是可靠工程的核心。所谓“警钟长鸣”，墨菲定律自诞生之日起就不停地提醒人们:技术不是万能的，人总会出错。即使最不可能出现的错误，也有出现的可能性;即使最细小的错误，也有可能导致整个系统的崩溃，造成最大程度的损失。而就像谙熟墨菲定律帮助 MX981 项目组安全度过危险的高速火箭滑车试验一样，在犯错成本极高的航空航天、科研生产领域，人们希望墨菲定律能够时时警示自己，以最谨慎的态度从最细微之处挖掘出错的可能性，将隐患扼杀于萌芽中。

“可能出错的，终将会出错”，这句“乐观主义时代中的悲观定律”为沉浸在盲目乐观情绪中的人们敲响了警钟。不过，爱德华·墨菲并非唯一发出如此感慨的人，甚至在他之前，已有许多人表述过类似的观点。早在 1887 年，英国土木工程师阿尔弗雷德·霍尔特就在一次学会演讲中提出:“人们发现，在海上，能出错的事情早晚会出错。”无独有偶，1908 年，英国舞台魔术师内维尔·马斯克林在《魔术马戏团》一书中写道:“人们经常会遇到这种情形，就是无论在何种情况下……会出错的事情总会出错。”1928 年，魔术师亚当·赫尔·舍克更是在《斯芬克斯》一书中重申了这一观点:“在魔术表演中会出错的地方十有八九会出错，这已经成了既定事实。”由此可见，墨菲定律的流行并非单纯缘于其内涵的警示意义。无论是其戏剧性的诞生过程，还是浅显风趣地表述方式，都有效地冲淡了警示作用的沉重感，使其以一种玩笑的形式，完美融入大众的日常生活中。

严格意义上讲，墨菲定律并不是一个科学定律，因为它诞生于一次脱口而出，没有严整的表述形式，也没有严谨的论证分析，而只是符合大多数人经验认知的一般性规律。但这也同时意味着，理解墨菲定律的门槛极低，可发挥的空间极大，进而能够催生出各式各样具有黑色幽默色彩的变体，使其成为普通大众在遭遇倒霉事时的一句调侃，一声自嘲。所谓“人生不如意事十之八九”，几乎每个人隔三岔五都会遭遇一两件倒霉事，都可以讲出一句“墨菲定律，我中招了”。

从这种意义上讲，墨菲定律可以称得上是20世纪中叶的“丧文化”，半个多世纪前的“毒鸡汤”。在主流媒体的剖析中，“丧文化”被赋予了这样的内涵，即年轻一代通过“自我污名化”的方式，释放对这个世界的温柔抵抗。而在墨菲定律诞生的20世纪中叶，人们已经被高速发展的科技所裹挟，前进的步伐越来越快，而与之伴生的是难以化解的焦虑，无力以及日趋空虚、脆弱的内心。特别是在遭遇失败的时候，人们迫切需要找到一个情绪宣泄的出口，一块阻隔焦虑的挡箭牌，以一种以退为进的姿态，抵御可能遭受的伤害。而墨菲定律的出现，恰好能够帮助人们以一种调侃的口吻，进行短暂的自我释放。

人人都可能中招墨菲定律，人人也都乐意以墨菲定律这种相对温和的方式进行自我保护，化解犯错的痛苦。于是，随着时间的推移，墨菲定律依旧被人们乐此不疲地说起，依旧活跃在各种各样的书籍、文章中。甚至，多部电影、漫画将墨菲定律作为自己的名字，数个酒吧、客栈打出了墨菲定律的招牌。墨菲定律是如此的魅力四射、广为流传，以至于你甚至不确切了解它的含义，却还是感觉它是如此的熟悉。

◇ 墨菲定律衍生体

表述简洁易懂，内涵契合生活，墨菲定律自诞生之日起，就凭借强大的共鸣能力，俘获了大批受众。美国作家阿瑟·布洛赫就是墨菲定律坚定的支持者，他一生致力于研究墨菲定律，先后出版过几十本有关墨菲定律的著作，印数达到上百万册，促使墨菲定律在美国及欧洲各国变得家喻户晓。而诸如此类的墨菲定律的研究者、推广者，也创造了各式各样的墨菲定律衍生体。其中一些衍生体走得太远，早已将定律原本的含义抛诸脑后，以至于读者会在不同的书籍中，发现截然不同的墨菲定律。但不可否认的是，这些冠以墨菲定律头衔的衍生体，在客观上推动了定律为更多人所熟知，使其逐渐覆盖世界各地各行各业的角角落落，跨越半个多世纪，依旧活力不减，历久弥新。

通用墨菲定律

在众多关于墨菲定律的解读中，有四句话最为人们所熟知。这四句解读从四个视角、四个维度对墨菲定律进行了立体的剖析，并基于原句本意，实现了四倍延展，可以称得上是最接近本体的墨菲定律衍生体。

四句解读版的墨菲定律衍生体，如下所示：

一、任何事情都没有表面看起来那么简单

盲目自信、异想天开、冲动行事……许多错误之所以发生，根源在于忽略事情本身的复杂性。从这个角度看，墨菲定律实际是在强调审慎的重要性。审慎行事，不要妄下断言，遇事应当拥有自己的分析与判断，哪怕最微小的误差，也不要轻易忽略。周全考虑才能未雨绸缪，进而采取多种保险措施，防止偶然发生的人为失误导致灾难和损失。

二、所有的事都会比你预计的时间长

工作拖到截止日期的最后一刻，告诉自己压力越大效率越高；规划制定得环环相扣，告诉自己不会有“万一”发生。然而，计划往往赶不上变化，这使得任务的完成相对于预期总会超时。事实上，没有意外才是真正的意外，那些“恰好”的规划看似天衣无缝，实际却是心存侥幸。而抱有侥幸，往往就会弄巧成拙。从这个角度看，墨菲定律主要探讨了设置冗余度的必要性。想让事情变得更加可靠，不妨让计划中少一些“恰好”，富余一些时间和空间，为自己预留出一些缓冲的余地。

三、会出错的事总会出错

任何一件事情，只可能拥有三种结局：变好、变坏、保持不变。所以，每一件事情都拥有变坏的可能性，如果存在小的隐患未被消除，出现事故的概率将成倍增加。从这个角度看，墨菲定律是在强调“凡事早做准备”的重要性。抱最大的希望，尽最大的努力，做最坏的打算，持最好的心态，防微杜渐，防患于未然。

四、如果你担心某种情况发生，那么它就更有可能发生

担心总会应验。与其说你拥有超能力，不如说负面心理暗示对你产生了不良的影响。我们总为可能出现的问题忧心忡忡，而心态失常恰恰是许多问题发生的真正诱因。消极的心理暗示

会产生消极的影响；反之，积极的心理暗示会产生积极的作用。从这个角度看，墨菲定律是在探讨一个心理学问题。因此，当一个人压力太大的时候，不妨休息一下。做好“尽人事听天命”的觉悟，以积极、健康的心态面对生活，许多问题或许会迎刃而解。阳光的心态可以驱散现实的阴霾，乐观向上或许比你想象中的更有用。

安全管理中的墨菲定律

或许是由于墨菲定律的诞生与航空安全存在着千丝万缕的联系，因此安全管理是最早应用墨菲定律的领域之一，安全管理中的“墨菲定律”也是最接近墨菲本意的“墨菲定律衍生体”之一。

在安全管理的过程当中，人们常常会拥有一种错觉，认为小概率事件不可能发生。不过，大量的事故统计数据验证了60%~90%的安全事故都是不易引起重视的小概率事件，都源自作业人员的侥幸心理。墨菲定律告诫我们：只要存在危险因素，无论可能性多小，都有可能演化为一场严重的事故。差错不可避免，事故迟早发生，这便更加需要安全管理者时刻保持警惕，采取积极的预防手段，对可能出现的意外保持高度重视。

如今，墨菲定律已经成为安全管理领域最重要的定律之一。它强调了安全教育、预案设置等一系列前置性措施的重要意义，有效发挥警示职能，提升安全管理水平。

投资学里的墨菲定律

在投资学领域，墨菲定律同样十分流行。“股神”巴菲特拥有这样一句名言：“你要买那些傻瓜也能经营好的公司，因为一切公司早晚会落到傻瓜手里。”这句名言的背后，也体现了墨菲定律。

投资学对墨菲定律的本意进行了延伸，其讨论的对象不再局限于问题或者灾难，而是涉及正向的收益。但若单纯探讨“凡有可能，假以时日，定会发生”的概率问题，未免缺乏现实意义。事实上，如果你对投资领域墨菲定律的理解停留在这一层面上，孤注一掷地将大量本金投入到某一小概率事件中，以期获得巨大的收益，那么很大概率你会收获失败。这种场景有一个典型的代表，就是博彩。在博彩领域，输赢的概率趋于一个固定的值，而重复操作并不能提升收益的概率，所以投资学中的墨菲定律并不能成为你期望通过博彩实现一夜暴富的理论依据。在更大意义上，投资学会从墨菲定律的角度，探讨如何推动一个小概率事件成为大概率事件，实现“以小博大”。

以小博大，用小投资滚大“雪球”，是诸多投资者所青睐的方法。像电影《大空头》中的基金经理迈克尔·布瑞，就透过地产疯涨、信贷问题频繁的现象，看到“泡沫破灭”的可能性，进而利用反向操作做空次级房贷，并在后来爆发的次贷危机中大赚一笔。投资领域的墨菲定律相信，只要选择一个恰当的目标，挖掘一个具有正向期待和正向累积的项目，长久不断地投入下去，只要能够承受其间消耗的时间、金钱成本，便一定会拥有巨大的收获。通俗来讲，投资领域的“墨菲定律”就是在阐述一个聚沙成塔、坚持就是胜利的道理。

经济学中对此有一个更为学术化的表述：报酬递增率。报酬递增率强调投资应由小开始，利润转换为资本，资本越来越多，利润也越来越多，利润再转换为资本。如此，一旦获得了起始的优势，优势就会越来越明显。简单来讲，其精髓在于两个词：“选择”与“坚持”。恰如巴菲特的另一句名言中所说的那样：“人生就像滚雪球，重要的是找到很湿的雪和很长的坡。”

股市里的墨菲定律

轻仓就涨，重仓就跌；一买就跌，一卖就涨；股票购入二选一，没买的却大涨……或许由于这些场景与墨菲定律探讨的理论太过相近，因此墨菲定律时常被应用于关于股市的讨论当中。股市里的“墨菲定律”，一方面以调侃的方式安抚了投资受挫的心态；另一方面，也试图应用墨菲定律的理论，挖掘投资受挫的原因。

股市里的墨菲定律认为，既然在股票的上涨和下跌过程中，人可能会无法准确判断走势，那么出错的买卖点迟早都会发生。那么，想要避免投资受挫，就要在投资前做好周全的准备，清醒认识到任何股票的上涨和下跌都没有表面看起来那么简单，收集利好和利空信息，尽可能准确地做出判断；同时，做好投资受挫的准备，在受挫之后迅速调整心态，及时止损。更为重要的是，你若想提前知道哪些交易有可能遭受损失，墨菲定律可以告诉你：那些不曾建立保护性止损委托的交易和那些不谨慎而持有过多的交易。学会股市里的墨菲定律，你就能够明白“股市有风险，投资需谨慎”，不至于将全部身家投入其中，造成不可挽回的损失。

爱情中的墨菲定律

或许难以想象，在情感专家们的眼中，墨菲定律同样适用于爱情话题。

你或许也曾有过这样的经历：在自己喜欢的女孩或男孩面前，会惧怕犯错，而越是惧怕，犯错的概率往往越大。更有一些人，在感情和婚姻关系中付出太多，甚至抱有“只要我对他足够好，他就一定会对我好；只要我时刻关注他，他就一定会关注我”的心理，只看到对方却看不到自己。而用尽全力付出的结果，往往是得不到相应的回馈，反而更容易受到伤害。

什么是爱情墨菲定律？简单来讲，就是在一段情感关系中，即使你能够为对方付出全部，对方也有可能不会给予相应的回馈。事实上，用无底线的付出来换取稳定关系，自始至终只存在于想象当中。现实生活中，在一段情感关系中抱有过重的得失心，不仅会导致自己对对方怀有更强的需求感，也会导致自我表现力下降。同时，抛弃底线的付出会让对方产生获得的一切都是理所当然的错觉，你却会为因此受到的忽视而感到委屈、受伤。于是，用情感专家们的话说，爱情墨菲定律就是“你越是在意对方，对方越不在意你”。

将墨菲定律放入情感关系的场景，我们可以依稀看到其中“告别侥幸心理”“怕什么来什么”“小概率事件也会发生”的影子，但其真正想表达的观点，与墨菲定律本意已经具有相当的距离。爱情墨菲定律旨在告诉大家：你与任何人的关系，归根到底都取决于你与自己的关系。在感情和婚姻中，你需要做的不是取悦他人，而是放弃把一切托付给对方的侥幸心理，及时觉察和面对自己，做更好的自己。

口才学上的墨菲定律

你能猜到什么是“口才墨菲学”吗？口才墨菲学认为，当你指责别人的时候，往往会发现自己也应受到同样的指责；越是经常说“我才没有那么傻”的人，越有可能成为别人眼中的傻瓜。简单来讲，口才墨菲学揭示了这样一个道理：“语言常常用来掩饰我们真正的需求。”许多“脱口而出”都是为了掩饰自己存在的问题，而与此同时，语言又是一把利器，力量巨大且容易伤人。于是，管住自己的嘴巴，以理性支配语言，便变得格外重要。

除此之外，墨菲定律还拥有许许多多其他有趣的衍生体。

例如，别试图教猫唱歌，因为这样不但不会有结果，还会惹猫不高兴；不要以为自己很重要，因为没有你，太阳明天还是一样从东方升起；好的开始，未必就有好结果，坏的开始，结果往往会更糟；你往往会找到不是你正想找的东西……总之，你即使不知道墨菲定律，也一定在生活中遇到过它的衍生体。

◇ 墨菲定律两极观

让我们回归墨菲定律的本体："如果有两种选择，其中一种将导致灾难，则必定有人会做出这种选择。"对此，悲观主义者与乐观主义者拥有截然不同的理解，并由此形成悲欢两极化的阐释。

"悲观"墨菲定律

在悲观主义者眼中，墨菲定律阐释了一场彻头彻尾的悲剧：错误的发生是必然的、不可逆的，因此，事情永远不会向好的方向发展，只会从糟糕向更糟糕演变。相应地，所有的预防都是无用的，所有的努力都是徒劳的。甚至，他们找出了"最令人绝望的物理定律"——"熵增定律"，来论证他们的理解。所谓熵增定律，简单来讲就是阐释"无序，或许正是宇宙的秩序”的定律。在物理学中，“熵”是一个系统混乱、无序程度的度量单位。熵的值越大，系统越无序；熵的值越小，系统越有序。而根据热力学第二定律——在一个封闭的系统内，熵的值会随着时间推移而增加，因此，一切事物都会从有序趋向无序，恰如山脉会被侵蚀，人类会逐渐老化。宇宙的平衡态是无序的，而建立集中的、秩序的人类活动反而是“非平衡态”的。由此，便不难理解为什么墨菲定律会存在。

从这种角度看，墨菲定律是一种极度悲观且充满宿命论色彩的定律，它将人类在无常命运面前的无能为力暴露无遗。不过，先不要悲伤绝望，我们不妨冷静思考一下，墨菲定律真的是一种宿命论吗？

在讨论这个问题之前，首先来看一个实验。猫从半空中跳下，永远会用脚着地，这是一个常识。将一片涂有黄油的面包片抛到半空，如果墨菲定律告诉我们错误的发生是必然的、不可逆的，那么涂有黄油的一面必然且不可逆转地率先着地。综上所述，如果将面包没有涂上黄油的一面粘在猫的背部，让猫从半空中跳下，那么猫将无法用脚着地，因为面包片涂有黄油的一面会必然且不可逆转地率先着地；但同样地，涂有黄油一面的面包也无法落地，因为猫永远用脚着地；于是，这只背着黄油面包的猫会成为一个“永动机”，永远转动下去。这个实验听起来是不是很荒谬？而事实上，“黄油猫悖论”实验的诞生，就是为了嘲讽那些曲解墨菲定律的人。

如果墨菲定律是为了告诉我们，错误的发生是必然的、不可逆的，那么完全可以找出一万条理由驳倒这一定律。西尔弗曼悖论就以简单而有趣的方式驳斥了这一观点：如果这套逻辑是成立的，那么套用定律本身可以发现，墨菲定律只要可能出错，就一定会出错。

事实上，这些对墨菲定律的悲观阐释，忽略了定律之所以能够成立，是因为其背后隐藏着一些前提：前提一，错误发生的概率必须是大于零的，即虽然为小概率事件，但依旧具有发生的可能性；前提二，实验样本必须足够大，或者说需要长时间重复实验。在传播的过程当中，这两条前提显然被忽略了，墨菲定律对小概率事件在大基数面前发生的可能性的思考消失了，取而代之的是一则被悲观色彩过度渲染的“倒霉定律”。

“乐观”墨菲定律

让我们再次回到墨菲定律诞生的场景。谈到“金句”的诞生，我们很容易为实验失误的偶然性及定律发生的戏剧性所吸引，却很难注意到定律诞生的背后有两个隐藏的关键点：精密仪器、航空试验。精密仪器，意味着操作复杂且犯错的成本很高，一个细小的失误便很有可能造成难以挽回的后果。航空试验，意味着会经历多次重复操作，犯错的概率也大大提升。因此，不考虑具体的条件而去谈论墨菲定律的发生，实际意义并不大，只会使我们妄自感叹错误总会发生。

不过，在悲观主义者对墨菲定律进行带有宿命论色彩的消极阐释的同时，乐观主义者们也演绎出了独具特色的积极的墨菲定律。例如，在电影《星际穿越》中，男主角库珀的女儿名叫“墨菲”，只是这里的墨菲定律被演绎出了“我们越是坚持一件事，这件事只要有可能，就一定会梦想成真”的含义。而在影片中，墨菲定律也总能将事情引向好的方向：库珀开车前往 NASA 基地时，掀开副驾驶座上的衣物，期待女儿的身影会从衣物底下钻出，虽然这一幕几乎是不可能发生的，但是女儿却惊喜般地出现在了他的面前。

如果可能的错误终会发生，那么可能的成功也一定会发生。于是，乐观主义者们创造了全新的墨菲定律，将原定律中所有指向“错误”的说法全面转向，逆转出“逆墨菲”的“麦克斯韦尔定律”。麦克斯韦尔定律认为：“任何事情都看似很难，实质不难；任何事情都比你预期的更令人满意；任何事情都能办好，而且是在最佳的时刻办好。”除了能够注入信心之外，麦克斯韦尔定律更大的价值在于强调对事物认知、研究的重要性，突出努力的价值。

比麦克斯韦尔定律向乐观主义方向走得更远的是“莎莉定律”。莎莉定律认为：“当你把事情往坏处想的时候，往往会出现好的结果。”例如，工作日睡过了头，感觉自己一定要迟到了，结果匆匆忙忙赶到公司，竟然没有迟到。莎莉定律似乎在证明，凡事往坏处想，可以最大程度激发潜力，反而能够使人获得成功。但其中更多的例证不是依靠努力改变结果的，反而是好运气发挥的作用，这也使得莎莉定律更像是一种玄学，具备较少的参考价值。

墨菲定律真的是一条乐观主义定律吗？在我们浏览了乐观主义者对于墨菲定律的阐释之后，可以发现，每一条阐释与墨菲定律本体都存在一定距离，更多的是对原本含义的引申，甚至是整体逆转。

或许，墨菲定律本身仅仅是一种对客观现象的阐释，并不涉及悲观或者乐观。它固然强调了不利状况出现的必然性，但其用意绝不在于让我们心怀悲观、坐以待毙。它固然可以引申出许多乐观的想法，但其诞生的本意绝不是为了帮助人们树立信心。更多时候，墨菲定律就像疼痛感一样，以警示的方式保护我们，又以玩笑的方式抚慰我们。

对于墨菲定律，我更喜欢《漫步华尔街》一书中的阐释："记住一条墨菲定律：凡事可能出岔子，就必定会出岔子。另外，也别忘了奥图尔对这条定律所做的注解：墨菲是一个乐观主义者。不好的事情的确会发生在好人身上。生活是一个有风险的命题。"因此，为了应对可能出现的问题，积极的预防手段与充足的备选方案永远都不会多余。

第二章

小概率酿成大事故

1912 年 4 月，世界上体积最庞大、内部设施最豪华、享有“永不沉没”美誉的英国豪华邮轮“泰坦尼克”号开启处女航行，却不幸与一座冰山相撞，造成右舷船艏至船中部破裂，五间水密舱进水，1517 人丧生，成为和平时期死伤人数最为惨重的一次海难。

1986 年 1 月 28 日，美国佛罗里达州卡纳维拉尔角，“挑战者”号航天飞机即将开始它的第 10 次飞行。11 点 38 分，控制人员按下发射按钮，45 秒后航天飞机右翼下出现一道不明闪光，73 秒后“挑战者”号助推火箭爆炸，7 名宇航员葬身火海。在这期间，全球有超过 10 亿的观众正在观看直播画面，希望见证航天飞机升空的壮观瞬间，却不幸目睹了飞机在空中爆炸解体的景象。

飞机被认为是世界上最安全的交通工具，造成人员伤亡的事故率仅为三百万分之一，但全球每年仍有约 1000 人死于空难。

中国运载火箭的零件可靠度达到 99.99% 以上，发生故障的可能性低于万分之一，却在 1996 年两次发射失败。

……

在人们普遍的认知里，小概率事件的发生是可以忽略不计的。但现实一次又一次地证明，犯错似乎是人类与生俱来的弱点。如果犯错误是大概率事件，那错误就肯定很快会发生；如果犯错误是小概率事件，只要有足够的时间，错误也终究会发生，且完全可以酿成一个大事故。这与墨菲定律的观点不谋而合。

从这个角度看，墨菲定律所探讨的实际是一个概率问题。面对任何一件可能出错的事情，我们都不能拿出十分的自信，笃定它完全不会出问题。世间万事充满变数，一切皆有可能。

◇ 意外总会不期而至

弗朗西斯·福山在《意外：如何预测全球政治中的突发事件与未知因素》一书中写道："东欧剧变，中国、印度作为重要经济大国的迅速崛起，'9·11袭击'，艾滋病、H5N1禽流感等新疾病的出现，卡特丽娜飓风——过去的十五年已经证明了如下一点：在全球政治中，没有什么如同不确定性那般确定。"福山不禁感叹，"预测和处理过去所认为的极小概率事件，显然已经成为全球公共和私人领域决策者们均需面对的核心挑战。"

从概率论的角度看，墨菲定律所探讨的其实就是我们一般意义上所了解的小概率事件。所谓小概率事件，是指那些在大量重复实验中出现频率非常低的事件。由于其出现的概率极低，特别是在一次实验或观测中，基本是可以忽略不计的，因而常常被人们所忽视。但意外总会不期而至，包括弗朗西斯·福山在内的越来越多的人已经意识到，小概率事件不等于不可能事件，其不仅可能发生，而且往往至关重要。

概率即可能

“概率”在大多数人眼中，是一个科学而明确的概念。我们会根据天气预报的降水概率预测结果，决定自己是否带伞出门；会在考试前聚焦试题中出现概率最高的“重点考点”，进行突击复习；我们会在接手一项工作之前，对成功的可能性进行评估；甚至在观看一场比赛时，也会不自觉地预测自己支持的队伍获胜的概率。可以说，我们所做的大多决策，都是基于对不确定事件概率的信念，因此概率可以称得上是当代生活的行动指南。

不过，概率其实是一门诞生于17世纪中叶的赌桌之上研究随机现象规律的数学分支，其诞生的根源就是“不确定性”的存在。恰如你无法判定掷出的骰子是什么点数，对于许多概率问题的讨论来说，所有基于因果关系的理性思考，几乎都是徒劳的。

宾夕法尼亚大学的心理学专家菲利普·泰特洛克专注于政治判断的研究。他曾经采访了284名有偿提供问题答案的专家，让这些以“评论政治和经济走向并提出建议”为职业的人，对“哪个国家会成长为下一个大型新兴市场”“美国会参加波斯湾战争吗”等一系列未来世界上可能发生的大事件发生的概率进行评估。泰特洛克分析了这些专家针对27450个预测问题做出的82361个概率估计值，结果糟糕得令人震惊。这些训练有素甚至以此为生的专家们，并没有做出比普通人更为准确的预测，有些概率预测的准确率，甚至比不过扔飞盘的猴子。你或许会因此而嘲笑这些专家，但不要忘记，在世界杯的预测当中，你的表现一定也不如“章鱼保罗”或者“冬宫猫”。

天气预报中的晴天可能会是个雨天，“重点考点”可能会扑空，成功概率极高的简单工作也可能会出错，获胜概率极低的队伍也会在比赛中绝处逢生……生活处处充满了意外，即使是最小的概率，也存在发生的可能。

比想象中更无知

《知识的错觉》一书中写道：“我们生活在一个由知识构成

的共同体当中。我们共享意向性，我们与他人共事，也能意识到其他人的存在以及他们做出的努力。由于无法精确划分知识来自内在还是外在，我们便生活在知识的错觉中。所以我们经常对自己不知道什么一无所知。”

《认知三部曲》一书中写道，人的认知可以分为四个层次：“不知不知”“知我不知”“知我知之”“不知我知”。其中，“不知不知”即“不知道自己不知道”，处在这一层次的认知当中，你会感觉自己对事情了解得十分透彻，但实际操作却是盲目的；又由于不自知和不自制往往相伴而生，这使得你的行为变得不仅愚蠢，而且傲慢。

苏格拉底曾有一句名言：“我唯一知道的就是我一无所知。”

何其不幸，我们总是比想象中的更加无知，甚至无知于自己的无知。理论上讲，如果我们能够精准预估所有的可能性，那么墨菲定律就不会发生。如果我们能够熟练掌握所有的知识，就不会因为考试没有考到自己复习的“高频考题”而高呼“运气太差”“坏事总会发生”。可惜尽管科技日新月异，人类还有太多未知的领域亟待探索；尽管处于一个知识爆炸的时代，我们每个人依旧存在太多的知识盲点。于是，墨菲定律便成为一条我们难以摆脱的“魔咒”。不过，我们也不必因此而自惭形秽，因为墨菲定律存在的意义不在于谴责我们的“不自知”，而在于警示我们的“不自制”。

实力欠缺的确会更容易增加坏事发生的概率，它会使我们对可能面对的情形缺乏正确的预估，甚至对错误的发生毫无察觉。但这也在另一个层面提示我们，提升实力是一条降低出错概率的可能路径。

当我们认识到自己的无知、渺小，就不会固执己见、任性妄为；当我们认识到未来存在如此多的可能性，意外总会发生，就不会心存侥幸，一次次尝试去打一场场无准备之仗。实力的提升并不能使我们避免遇到“坏事”，但至少可以使我们更具洞察力，及时发现问题，防患于未然。锻炼行动力，发现更多解决问题的路径，便能将“坏事”转换成“好事”。更为重要的是，不仅意外会不期而至，幸运也会不期而至，而强大的实力是抓住幸运的必要条件，毕竟，所谓幸运，只不过是准备遇上了机会。

不确定下的判断

尽管越来越多的证据证明着我们的无知，各种各样的小概率事件使得未来的走向变得扑朔迷离，但人们总是对秩序和方向拥有超乎寻常的信心，并坚信自己能够预测未来。正如纳西姆·塔勒布在《黑天鹅》一书中所指出的那样：“我们更愿意构建和相信对过往的连贯叙述，这种叙述使我们很难接受自己预测能力的限度。”而我们也似乎天然地拥有这种计算概率、做出解释，进而指导下一步行为的能力，恰如诺贝尔经济学奖得主丹尼尔·卡尼曼所认为的那样，“没有接受过统计学方面训练的人，都是出色的直觉型统计学家”。

那么，来看看我们是怎么预测未来的吧。

大多数时候，我们是基于对过去的解读来预测未来的，包括我们判断小概率事件的方式，也通常是依靠经验——那些从未在自己身上发生过，也从未在周围其他人身上发生过的事情，我们往往会将它们视为小概率事件，并默认其一定不会发生。而这种主观的评估方式，显然存在着巨大的问题。

我们认为自己了解过去，却常常会最大限度地忽略自己的无知。17 世纪之前，欧洲人认为所有的天鹅都是白色的，直到他们登陆澳大利亚见到第一只黑天鹅，这一千年来不可动摇的认知才土崩瓦解。由此可见，令我们信心满满的经验之谈，也会遇到失灵的时候。好在天鹅是黑是白对于普通人的生活并没有太大的影响，但总有一些小概率事件意义重大，无论是金融风暴、恐怖袭击，还是自然灾害、欧债危机，这些“黑天鹅”事件的确能够影响人们的实际生活。

不过，即使是面对“黑天鹅”事件，人的本性也会促使我们在事后为它的发生编造理由，并且或多或少地认为其是可解释和可预测的。事实上，当一件事情如预测般真正发生之后，人们往往就会夸大自己此前所做的预测；反之，当事情没有如预测般发生，人们也会错误地回忆自己从未对事情的发生抱有太大期望。这种“我早就知道”的“后知之明”，会让我们严重低估自己对未来的预测有多大程度是基于过去的经验。对自己的判断信心满满，往往会让我们被不期而遇的意外打个措手不及。

此时，墨菲定律的作用便显露出来：为信心满满的我们敲响了警钟，警示我们，要做好现实与预期背道而驰的准备。

数字会骗人

直觉型统计学家会因为超乎寻常的自信，基于过往的经验，忽略小概率事件发生的可能性。那么，如果拒绝直觉判断，选择公式运算，做一名数据型统计学家呢？毕竟，数字不会骗人。

遗憾的是，数字真的会骗人。

不要太过惊讶，你经过精心计算得出的数字，很可能并不可靠。首先，样本的选取就是一件复杂且容易出错的事情。例如，你想论证女生在小学期间成绩普遍优于同期男生，如果只选择一所小学作为调查样本，这无疑是一个糟糕的决定。你抽取到的样本中，可能小学女生成绩确实普遍优于男生，也可能成绩差距并不明显或是情况截然相反。显然，小样本在这类实验中并不具有代表性，很可能你辛苦得出的数据与事实存在严重的偏离。而科学研究也佐证了这一点——研究证明，小样本出错的风险甚至高达50%。

但大样本得出的概率结论就一定是正确的吗？长期以来，医学界普遍认为，在精神病学研究当中，人类受试者样本越大越好。但加州大学伯克利分校的最新研究证明，这种大样本、大数据研究的方法，可能是错误的。在六项独立研究中，研究者们使用统计模型对数百名患有抑郁症、焦虑症、创伤后应激障碍等精神疾病的受试者进行了测试，而实验的结果显示，那些基于大样本得出的群体数据，对个人来说并不一定是正确的。这在很大程度上是缘于精神障碍会在个体间表现出不同的情绪和行为，而大样本会将这些明显不同的数据平均化，这也使得群体数据难以良好契合个体之间存在的差异性。

更为遗憾的是，即使经过周密的统计、严谨的论证，最终得出真实可靠的数据，对数据的个性化解读也足以扰乱我们的思维，使统计数据呈现出不同的面貌，将我们推离真相。

举一个简单的例子：调查研究证明，乘车系好安全带，车祸重伤留下后遗症的概率将降低 3%。这种讲法的确能够表现出安全带对安全提升的作用，但 3% 这个数字似乎不足以发挥震慑人心的效果。有没有可能将这个数字变大，使之更具说服力呢？答案是肯定的。调查数据显示，车祸重伤后会有 20% 的概率留下后遗症，而系好安全带会将这一概率降低为 17%，因此之前所提到的 3% 是一个绝对风险值。与此同时，我们可以计算出，从 20% 到 17% 降低的相对风险值（20%-17%）/20%，即 15%。由此，我们便可以得出一个全新的结论：乘车系好安全带，车祸重伤留下后遗症的概率将降低 15%。

由此可见，在同一套统计数据的基础上，相对风险将大大放大数据应有的含义，达到更加震慑人心的效果。与此相似的，为数据配上更加有趣、可怕或者神秘的描述，也会大大激发普通人对数据背后情景的想象，使人们对数据留下更加深刻的印象。例如，美国康奈尔大学背负了一个自杀率高的坏名声，而从数据上看，该大学每年学生的自杀率仅为0.0043%，较全美大学生平均自杀率低近一半。其背后的原因是康奈尔大学临近峡谷的特殊地理位置，使得该校自杀学生大多选择在横跨峡谷的大桥跳桥自杀，进而使得该校的自杀事件格外引人注目。再比如，全球每年受恐怖分子攻击而死的概率实际远低于因胆固醇过高导致的动脉阻塞致死的概率，但由于恐怖袭击听起来更加可怕、更难以预防，使得普通人相较于高胆固醇的威胁，更加在意恐怖袭击的威胁。

一方面，数字会骗人解释了墨菲定律存在的必要性：如果统计数据能够呈现出不同的面貌，那么我们认为的小概率事件本身发生的可能性便可能远远超乎我们的设想，保持警醒，防患于未然，便变得格外重要；另一方面，数字会骗人也揭示了墨菲定律为何能够广泛流传、深入人心：定律本身的趣味性、不可测性，更能收获普通人的认同，也更能激发广泛的联想。

“意外加速器”——大样本、重复实验

世界就是这样，充斥着大大小小的随机事件。更加可怕的

是，大样本、重复实验会加速意外的发生。

举一个简单的例子：你今天出门忘带钥匙的概率可能并不高，但我们把时间拉长，十年呢？二十年呢？今天出门没忘带钥匙很容易，但要是说出门从不会忘带钥匙，就没有这么简单了。同理，今天出门没有忘带钥匙，但是有没有忘记带伞，电梯有没有坏，有没有错过公交，有没有走错路，有没有遭遇堵车……人生不如意事十之八九，上得山多终遇虎，都是这样一个道理。单个小概率事件的发生，或许不足以引人关注；当无数的小概率事件叠加在一起，意外发生的概率就足以令人恐慌了。

在数理统计中，对于大样本、重复实验，有这样一个著名的实验：在 1~100 中，我们挑选出一个心仪的数字，然后随机抽取一个数字，此时，抽中心仪数字的概率为 1%，我们可以将其视为一个小概率事件。但当实验重复 100 次时，抽中心仪数字的概率已经提升到大约 63%；实验重复 300 次，抽中心仪数字的概率提升为 95%；实验重复到 600 次时，抽中心仪数字的概率已经提升至 99.8%……这一实验模拟的是数理统计学中的一条重要规律：假设某意外事件在一次实验（活动）中发生的概率为 p（p>0），则在 n 次实验（活动）中至少有一次发生

的概率为 $P=1-(1-p)^n$。而无论 p 值有多小，当 n 越来越大时，概率 P 都会越来越接近 1。简单来讲，就是当实验的次数趋向于无穷大的时候，小概率事件发生的概率会趋向于 1，即小概率事件必然会发生。

而在当代社会，随着科学技术的发展，大样本、重复实验越来越多地出现在日常生产生活中。高技术、高风险、精细化的复杂系统越来越多，而系统越复杂，设置的环节越多，涉及的人员越多，运转的时间越长，意外发生的可能性就越大。由此，小概率事件也便成为现代科研生产、运营管理关注的焦点。

如果意外总会发生，小概率事件总会与我们不期而遇，是不是就意味着，在墨菲定律面前，我们只能选择听天由命了呢？一个好消息是，虽然孤立的随机事件是难以预测的，但一连串的随机事件是完全有规律可循的。也正因为如此，英属哥伦比亚大学生物工程师乔尔·佩尔创造了包含一个非常量因数，以及事件重要性（I）、所涉系统的复杂性（C）、需要系统正常运作的迫切性（U）、系统的使用频率（F）等几个变量的公式，来预测墨菲定律的发生率，将这个令无数人焦虑困惑的定律变成了一个风险测试仪。规律的存在，意味着我们终有机会破解墨菲的谜题，将意外阻绝在发生之前。

◇ 盲目的乐观，过度的自信

《纽约时报》专栏作家戴维·布鲁克斯在《社会动物》一书中写道：“人类的头脑是一部过度自信的机器。”我们总是过高地评估自己的能力，过分地夸大自己的表现，对未来拥有太过美好的预期……自信与乐观，在日常的认知中是一件好事。但盲目的乐观、过度的自信，却为认知偏见的生长提供了土壤，使我们忽视潜在的危险，使小概率最终酿成大事故。

乐观主义偏差

在美国，只有 35% 的小型企业能够生存 5 年以上。这对于小企业家们可不是个好消息，不过他们也并不认同这一数据。调查数据显示，在小企业家们眼中，像他们这样的小企业有约

60% 的概率可以生存 5 年以上。而具体到他们自己的企业，这些企业家们则更为自信。调查中，有 81% 的小企业家表示他们的胜算能够达到 70% 以上，甚至有 33% 的小企业家认为他们的企业失败的概率为零。

瑞典心理学家欧拉·斯文森曾在美国对司机的驾驶水平认知展开调查，结果有 93% 的受访者认为自己的驾驶水平高于平均水平，甚至有超过 50% 的受访者相信自己可以跻身最安全司机前 20% 的行列。

相似地，美国社会心理学家罗伯特·莱文曾围绕"你觉得比起一般人的平均值，你是平均值以上还是以下"一题展开调查。而调查的结果显示：有 75% 的被调查者表示自己相较于同辈更不容易上当；有 78% 的被调查者认为自己比同龄人更成熟；更加惊人的是，有高达 90% 的被调查者认为自己拥有远超普通人的独立思考能力。

乐观主义能够有效减少压力和焦虑，甚至能够成为一种自我实现性质的预言。我们几乎很难发现，其在信息处理方面对我们造成的危害。事实上，乐观主义在带来众多益处的同时，会妨碍我们发现和预防风险，使我们总是倾向于认为自己拥有比其他人更为理想的特质，自己更可能经历积极的事件，而消极的事件永远只会发生在别人身上。

人类智慧的典型错误，恰恰在于排斥那些否定自身经验的事物，偏好那些符合自身经验的事物，这也就能够解释为什么几乎每个人在对自己的评估过程中，都会产生一种过高估计的倾向。正如塔里·夏洛特在《乐观的偏见》一书中所写的那样："大多数人会高估自己在专业领域取得成功的可能性；认为自己的孩子天赋异禀；期望自己比多数人更健康、更富足，甚至将自己的寿命多估算二十年以上；与此同时，大多数人会过度低估离婚、癌症、失业等各种消极事件在自己身上发生的可能性。总之，大家都对未来的生活充满自信，认为自己会比父辈生活得更好。"

可怕的是，乐观主义偏差的存在，会钝化我们对潜在问题的感知，左右我们理性认知与判断的能力，甚至使我们在清晰认知到可能面临的风险时，依旧不采取任何措施进行有效规避。恰如许多年轻人对自己的健康状况持过度乐观态度，并因此忽略体检、运动、饮食调节等维持、提升健康的举措，甚至基于对自己健康状况的信心，率性践行熬夜、暴饮暴食等不健康的生活方式，最终使自己陷入亚健康甚至罹患疾病的状态。

乐观主义在为我们带来安慰、保护我们不被可怕困难击垮的同时，也使我们越来越容易深陷自以为是的陷阱之中，酿成“常规”的悲剧。

常规的悲剧

我们总是充满自信，特别是在面对过去的经验的时候。的确，过往成功的经验赋予了我们面对问题的信心，也帮助我们以一种惯有的、模式化的方式解读新的情形。信心与经验塑造了一系列的常规，确保行为的稳定性、可信性。特别是在我们并不具有全能视角，而信息的加工解释、决策的制定通常处于相当的时间压力和任务压力下的情况下，客观条件迫使我们必须依靠有限的经验和理性，迅速做出判断和决定。常规的出现使我们将判断交付于习惯，也使我们在面对与常识不相匹配的信息时，本能地进行拒绝。我们更倾向于在那些固有经验及既定假设之中寻求问题的解决之道，拒绝考虑更广泛的可能性。这也使得我们一旦面临超脱常规的新情形，就会丧失基本的判断，犹如出轨的高速列车，常规的组织惯性恰恰推动其以原有的高速冲出轨道。

意大利最受推崇的“平民经济学家”利玛窦·墨特里尼在

他的《怪诞心理学》一书中，曾提到过这样一个有趣的例子：阿尔卑斯山的高山向导熟识山区的环境，常年观测周边地区的气象变化。连绵的雨天之后，终于迎来一日无雨。虽然天色还有些阴沉，但高山向导信心满满，或许是今天的风向和放晴的状态很像，或许是山区多变的天气早已使其不以为然，总之，他十分笃定今天将是个晴天，是适合攀登的。如果换作毫无经验的你，一定会选择天完全放晴后登山，冒着生命危险选择提早爬山，怎么看都是不理性的。但多年的经验使得向导变得更专业，却也更不谨慎了，专业的自信反而使其笃定地做出风险极大的不理性选择。事实上，生活中从不缺乏像这位高山向导一样因经验丰富而过度自信的案例，例如，因确诊过太多类似病例而忽视病人间病情呈现的细微差异的医生，因带过太多届学生而对“好学生”“坏学生”形成“刻板印象”的老师……刻舟求剑、守株待兔等成语故事的存在，也印证了领域专家们的乐观自信，有时不仅不能带来帮助，反而会影响他们做出理性的正确判断。由经验孕育的常规所酿成的悲剧，离我们每个人都不遥远。

而纵观人类发展史，因常规诞生的巨大悲剧，同样并不罕见。

1986年4月26日凌晨，位于苏联的乌克兰苏维埃社会主义共和国普里皮亚季的切尔诺贝利核电站发生了严重的爆炸事故。该事故被认为是历史上最严重的核电事故，也是首例被国际核事件分级表评为第七级事件的特大事故。切尔诺贝利事件发生背后的因素错综复杂，HBO五集电视剧《切尔诺贝利》将其中一项重要原因归结于副总工程师急于推进压力测试，违反了正常的操作程序，最终导致了堆芯爆炸。在电视剧中，一线操作的技术人员曾对这一违规操作提出异议，但副总工程师凭借自己的经验断定测试是安全的，且即使出现意外，AZ-5安全钮也能及时终止核反应。不过很显然，他的经验在这一次失灵了。相似地，当爆炸的消息传到厂长、总工程师耳中时，他们也不约而同地宁愿相信自己根据经验解读的事故原因，而不愿相信堆芯爆炸的讯息，导致灾难进一步发酵。

类似的悲剧还发生在美国航天飞机“挑战者”号上。1986年1月，美国航天飞机“挑战者”号在发射过程中起火爆炸，七位宇航员丧生。“挑战者”号失事的原因被归结于寒冷气温下飞船部件连接处的密封橡胶垫片不能如期扩展所导致的燃料流出，而橡胶垫片的生产商早在1977年就发现了这一问题，并在“挑战者”号发射前夕提出了相关警告。不幸的是，航天局的工程师们基于过去的经验，无视了这一警告。“和大多数普通人一样，那些工程师们局限于研究实验室里的资料，从未想过去测试一下那个与温度相关的假设。”哈佛大学教授马克斯·马泽曼不无遗憾地分析说。

无论是切尔诺贝利事件，还是“挑战者”号的悲剧，当我们回望这一段历史的时候，往往不能理解当时的人们怎么会犯下如此愚蠢的错误。但如果站在“无知之幕”的后面，站在当事人一方设身处地去思考，我们或许很难避免犯下相似的错误。毕竟，即使有切尔诺贝利、“挑战者”号这样巨大的悲剧在前，我们依旧难以摆脱自己对常规的倚赖。我们无法摒弃自己对于节约信息成本的冲动，也因此更倾向于在自己熟悉的领域附近寻找信息。而巨大悲剧发生的概率是如此之低，其发生的形式、时间、地点又是如此难以捉摸，这使得我们很难准确甄别出即将发生的是一场大灾难，还是一次小异常，或是一起完全可控的事故。

我们倚赖常规，是因为其在大多数时候都是可以发挥作用的。在日常工作与生活中，难免会出现各式各样的问题，这其中 70% 是可以完全遵循常规流程解决的；有大约 20% 是几大常规问题的组合，依照常规稍加关注，便可顺利解决；另有

10% 暗藏玄机，常规方式可能会造成问题的解决低效、低质量，但问题依旧能够被解决；只有大约 1% 的问题，遵循常规不仅无法解决，甚至可能造成更大的灾难。

更加糟糕的是，当这些常规无法解决的问题爆发时，盲目的乐观与自信会使我们有意无意地忽视哪怕是异常显著的不寻常的征兆。对秩序的强烈渴求使我们十分擅长自我合理化，即使在面对一个完全反常的情形时，我们依旧能够找出一大堆理由，将情形变得合理化，使自己放弃质疑与追问。我们过分迷信理论的完整性和经验的力量。俗话说得好："当你有一把锤子时，看什么都像是钉子。"知识与经验构造了我们心中那个自洽的理想世界，也使我们忽视现实世界中出现的异常。我们心存侥幸，我们如此坚定，又是如此盲目。

哲学家狄德罗曾有言："人生最大的错误，往往就是由侥幸引诱我们犯下的。当我们犯下不可饶恕、无从宽恕的错误后，侥幸隐匿得无踪无影。而在我们下一个拿不定主意的时候，它又光临了。"伟大的哲人早已洞见了常规的悲剧，我们却依旧心存侥幸，过高估计自己的判断力，并低估风险发生的可能性，这一点即使是最以理性著称的科学家们也不能例外。在中外科学史上，不乏局限于经验思维的科学家们。在面对实验中出现的新现象时充耳不闻，他们宁愿相信是实验错误，不肯质疑固有的经验出现了问题，并因此止步于重大发现的边缘。诚如恩格斯所言："在物理学史上，当电学处于支离破碎的状态时，片面的经验在这一领域中占据优势。这种经验竭力禁绝自己的思想，也正因如此，其不仅错误地思维着，且无法忠实地叙述事实，结果就变成与实际经验相反的东西了。"

更何况我们往往身处于组织当中，组织常规塑造的权威关系，更加深了组织成员们认知、服从常规的习性。组织中思维相近的人们也更容易形成对封闭的群体，造成信息源重复狭窄、思路互为强化，最终导致"有组织的无序"。而越是在封闭的系统中，"有组织的无序"造成的意外越容易发生，组织本身也越难以承受意外事件的冲击。

不愿意面对的真相

自恋情结是深植在人们信念之中的，实验哲学的鼻祖弗朗西斯·培根便深知这一道理。他一针见血地指出："人们不仅在有预设立场的时候会偏重自己喜欢的信息，即使心中没有明确的意见或信念，人们也会不自觉地注意自己偏好的信息，而忽视相反的部分。”简言之，人们往往只愿看到自己想看到的部分，无论其是否是真相。

在2008年1月的经济论坛年会上，全球经济界的领导者们依据自己的评估发表了新一期的《全球风险预测报告》。这份报告指出，房产市场衰退、流动性资金紧缩、油价居高不下等危机正实实在在地发生，而这一切推高了全球经济崩溃的风险性。然而，即使是面对自己做出的预测，全球的经济学领导们也没有给予相应的重视。于是，所有人都知道这一风险的存在，但由于风险的爆发具有一定的偶然性，且风险的解决缺乏“一招制敌”的武器，因此，所有人都怀抱着侥幸的心理，选择忽视眼前的真相。

相似的现象还发生在面对全球气候变暖、贫富差距扩大、政府债务增加等问题上，盲目的乐观加深了我们预设立场、倾向偏好的本能，使得我们变得骄傲而固执。即使我们自认为做好了万全的准备，事实往往还是会证明：再多的准备工作也敌不过一颗盲目自信的心。2005年，美国联邦紧急事务管理局曾与路易斯安那州政府共同参阅了一份名为“帕姆”的灾难预防计划书。计划书以模拟飓风为基础，详细分析了不同类型飓风可能造成的灾难性影响，并介绍了应对飓风所应采取的各项准备工作。同年 8 月，卡特里娜飓风来袭，市政官员们却依旧没有做好相应的准备。虽然计划书提供了详尽的预防措施，但飓风的来袭终究是一件概率极低的事件，况且人们无法准确预测飓风如何来袭、会造成何种灾难。于是，尽管所有人都明白未雨绸缪远胜于亡羊补牢的道理，但大家依旧不愿意面对眼前的真相。

解决“不愿意面对的真相”，我们面临的另一大挑战在于责任意识的缺失。有太多的人在面对危机与挑战时，相比于承担责任，更倾向于将责任推卸给他人。而责任意识的缺失即使是造成一个细小的疏漏，也可能造成整个系统的崩溃。2014 年 12 月 28 日，一架空客 A320 型飞机正在从印尼泗水飞往新加坡的途中，这架飞机的 FAC（增稳计算机系统）有一处焊点接触不良。这固然是一个可能危及飞行安全的问题，但只需机长手动拨动 FAC 开关便可以解决，实在是个微不足道的问题，因此没有引起太多的重视。在此前的飞行中，这一故障曾经发生过 23 次，均安然无事，但这一次没有这么幸运，这一个小的故障最终导致了空难的发生，机上 162 人全部罹难。

面对此类盲目乐观或者责任心不强的现象，我们时常会归咎于人性本能的缺陷。但人性的缺陷与主观任性之间的界限，往往是十分模糊的。我们很难判断一次固执己见或者推卸责任，究竟是出于人性本能的侥幸，还是故意而为。日本福岛核泄漏事故已经过去近十年，但其造成的灾难性后果依旧影响着我们。核泄漏事件爆发后，日本政府对于该事故的调查显示，事故是故意无视危险信号造成的。原因是海水损坏了发电机，且备用发电设备没有达到足够的高度，导致全部发电装置失灵。核电站的管理者们本可以采取更积极的防范措施，但这些有能力改变事情进程的人，或是出于侥幸，或是出于私利，显然没有将防止危机放在行动的首位。

更不用说，有一些人会充分利用人们拒绝直面危机的天性，阻止人们认知危机，进而从中获利。早在20世纪50年代，烟草行业就清楚地认识到吸烟有害健康，但他们不断发起各种各样的运动，不断明示及暗示肺癌的发生有其他更多的诱因。内奥米·奥利斯克斯和埃里克·康韦在他们《贩卖怀疑的商人》一书中写道："这些行业的人知道，只要提问，就会给人造成问题尚存争议的印象，即使人们实际已经清楚地知道答案，也于事无补。"同样的事情发生在水污染、酸雨、气候变暖等诸多事件中，那些依靠维持现状获利的人假装不知道危机的存在，并利用人们乐观主义偏见的天性，轻而易举地诱使大多数人无视甚至否认近在眼前的危机。

特别在21世纪，伴随信息技术的飞速发展，利用乐观主义偏见的行为更加大行其道。举个简单的例子。在2010年的美国，饮食问题已经成为全美导致疾病及死亡的最大原因，有2/3的美国成年人为肥胖所困扰。令人困惑的是，几乎没有人不知道太多的甜食和脂肪类食物会对健康造成不利影响，但大家一方面对自己的健康状况信心满满，另一方面更难以抵御从四面八方拥来的垃圾食品信息推送——诱人的颜色，咀嚼起来咔咔作响的声音，配合上夸张的表现动作、“洗脑”的广告语……全方位、立体化的信息传播，带来的是几乎难以抵御的诱惑。更不用说，互联网从各个视角、各个层面汇聚海量信息之后，还可基于用户偏好，进行有针对性的信息推送。如果说乐观主义使我们专注于那些符合我们期望的信息，个性化的信息推送机制无疑又强化了这一点，甚至使我们根本看不到那些描绘期望之外的真实世界的信息，这无疑将使我们更容易陷入乐观主义偏见之中。

◇ 反脆弱：从不确定中获益

墨菲定律告诉我们，即使坏事发生的概率极低，小概率事件也总会发生。但墨菲定律也通过警示给予了我们准备的时间，使我们认知到小概率事件发生的可能性、合理性，并在坏事来临之前提前搭建起可能的行动框架，合理安排应急步骤，做好准备，直面危机。

我们有能力应对小概率事件的发生吗？让我们先看一下其中最令我们感到忌惮、恐慌的有高度随机性、不可预见性的小概率事件。对于这类事件，由于具有极大的不可控性，即使提前进行准备和努力，似乎也无法阻止它的发生。墨菲定律所引发的焦虑情绪也大多缘于这一类小概率事件，所谓飞来横祸、无妄之灾，常让我们产生深深的无力感。但是，当我们面对这类事件时，真的除了被动等待之外，就毫无抵抗之力了吗？“黑天鹅之父”纳西姆·尼古拉斯·塔勒布并不这样认为。在他眼中，我们固然无法规避这类事件的发生，甚至也无须规避，因为，“反脆弱”能力能够帮助我们有效避免承受波动和不确定所造成的损失，甚至从中获利。

预测未来，不如拥抱随机

我们总是花费大量的时间在预测未来上，倾向于将过往的一切以一种更平稳、更有序的形式呈现在脑海中，但结果却往往并不尽如人意。大自然是难以预测的，洪水、暴风、海啸、泥石流……自然一直在不断地进行自我破坏与更替、选择与重组。技术的发展是难以预测的。大多数具有历史性意义的新技术，并不源于有目的、有规划的研究，而是诞生于自由探索与反复试错中。我们偏爱稳定、秩序，希望生活中的一切都是可预测、可准备、可复制的；我们讨厌不确定因素，却常常忘记了我们每个人都身处于一个不断变化的时代当中，万事万物都在波动性中获得收益或者遭受损失。

我们本能地排斥“坏事是可能发生的”这一念头，而恰好又有一些力量，出于无知或者私利，不断助长这种排斥。塔勒布在他的书中将这种力量称为“脆弱推手”。脆弱推手的存在，使我们更容易将“未知”视为“不存在”，将“小概率发生”视为“不可能发生”。更为严重的是，脆弱推手带来的利益虽然微小但是易见，带来的副作用可能严重却往往难以察觉。比如医学界的脆弱推手会无视人的自愈能力，滥用药物，过度治疗。显性的，其可以使病人更快地恢复；但隐性的，其可能造成严重的副作用，甚至导致病人自身免疫力下降、抗药性增强、身体机能破坏。

尽管如此，我们依旧对秩序充满渴望，渴望构筑一个足够精密、坚固的系统，渴望找到一条足够普世、有力的规则，抵御可能出现的危机，预测可能出现的错误。但残酷的现实证明，一种完美的强韧性系统是不存在的，人总会犯错，几乎没有什么能够阻止一个裂缝导致的整体性崩溃；甚至越复杂、越精密的系统，反而越容易折戟于不可预测的灾难。

事实正如墨菲定律所告诉我们的那样，意外总会不期而遇，可能出错的终将会出错。我们一方面异常乐观，时常无视墨菲定律的告诫，过高估计经验与预测的力量；另一方面，又过度谨慎，对可能出现的意外忧心忡忡。我们既然认识到这世上唯一不变的就是变化本身，那么不妨让我们暂且抛弃对秩序的渴求，以冷静的态度审视这些“注定会出现”的小概率事件。

不期而遇的坏事总是令人恐慌，但它们真的有这么可怕吗？在回答这一疑问之前，让我们先来看一下“米特拉达梯式解毒法”吧。米特拉达梯式解毒法是古代医学界颇受追捧的一种抵御中毒的方式。大约在1世纪左右的罗马，人们会持续摄入剂量不致命的有毒物质，伴随时间的积累，以达到对更大剂量同类毒药免疫的效果。而现代药理学家拥有一个更加科学的理论——毒物兴奋效应。这一效应证明，小剂量的有毒物质不仅无害，甚至有益健康。事实上，我们远没有想象中的那样脆弱，人可以从压力源的刺激中受益，这也是一种天性。

更不用说，无序与波动带来的也并非全然是坏结果。20世纪初的美国凯巴伯森林中生活着4000多只鹿，同时也生活着它们的天敌——数千匹狼。由于人的猎杀，狼的数量大幅度减少。天敌的减少使得鹿的数量大幅度提升，但这种情况并没有持续太久，鹿的大量繁殖使得原本充裕的食物变得十分紧缺，鹿群开始食用原本不在它们食谱上的香脂冷杉、地衣苔藓，甚至学会了啃雪来补水。如此，鹿的数量虽多，但全部处于营养不良的状态。人们甚至担心，没有狼的制约，鹿群很可能会发展到为了食物而自相残杀的地步。

反观人类社会，无序与波动也常常会带来意想不到的好处。举个简单的例子。如果单从可预测性与稳定性层面看，计划经济、垄断市场无疑是一个极佳的市场状态。一家企业占据所有资源、垄断所有业务，市场的运行完全倚赖规划，一切意外都不会发生。但这样，也势必造成整个行业的停滞甚至衰退，反而极易造成严重的系统性危机。此时，引入一些竞争力量，反而能够发挥积极的“鲇鱼效应”，一石激起千层浪，实现激活市场的效果。

塔勒布坦言：“我们一直有个可怕的错觉，就是认为波动性、随机性、不确定性是一桩坏事，于是想方设法要去消除它们。但正是这些我们想消除它们的举动，让我们更容易遭到它们的攻击。”或许，我们关注的重心一开始便出现了偏差。我们更应当关注的，或许不应当是如何构筑一个稳定、有序、可预测的系统，让可能发生的坏事不再发生；而应当是如何使自己在各种不可预测的冲击帮助下，进化到比之前更强大、更良好的状态。

不可控的境遇，可控的心态

我们都知道亡羊补牢，防患于未然的道理，但一方面，生活中总有一些问题是难以预测和防范的；另一方面，如果事事考虑非正常事故的可能性，成本着实太高，我们以“意外”的角度审视每一件事，最终的结果很可能是什么都做不成，更会造成严重的心理压力。公元前1世纪的罗马作家普布里亚斯·塞勒斯告诉我们：“你无法既仓促又安全地做好任何事。事实上，抱着这样的念头，你几乎没有一件事情可以办到。”既然如此，面对这些风险不可控的小概率事件，我们究竟应当怎么办呢？

墨菲定律告诉我们，许多坏事的发生是不以我们的个人意志为转移的。但有一个好消息是，这种不能控制的坏事，并不是太多；并且有时候，当我们把可以控制的事情做好了，许多原本不可控的事会变得可控，或者造成损害的程度会大大减弱；反之，当你在为可能发生的意外心惊胆战的时候，往往是脆弱的、墨守成规的，会尽量选择减少变化而减少危机。但与此同时，这也削弱了抵御危机的能力。而正如墨菲定律所言，坏事的发生是无法避免的。希望以这种自我折损的方式应对危机，其结果只能是达成自我折损，而危机会照常发生；且突然的危机常常是跳脱于常规之外的，墨守成规的策略显然是在助长危机的生长。而若是恐慌到情绪失控的极端境地，并因此做出非理性决策，则更容易使原本可控的事情升级为不可控的灾难。因此，面对不可控因素时，最基本的莫过于保持一颗自信积极的平常心，保有较好的承受力以及理智的操纵力，冷静地分析、理解现实，最大限度地做出较优决策。

面对墨菲定律，我们要做的第一步莫过于正视它、承认它、接纳它。好事与坏事，都是人生的必然经历。人生必有沉浮起落，既有走运的时候，也有遭遇考验的时候。面对考验，有的人开朗、坦诚，以积极的心态直面困难、坚忍不拔、不懈努力；也有的人心怀悲观，消极对待。无论是采取积极的心态还是消极的心态，对事态后期的发展演变都会起到至关重要的影响。以积极的心态面对意想不到的坏事，发挥出自己最好的水平，往往能够找到问题的转机；而消极的情绪会损害人的精神，使人陷入萎靡不振的境地，不仅无助于问题的解决，更可能“乱中出错”，使小错误变成大错误，将一个问题变成多个问题。

“顶级高手的对决，往往不是技术的对决，而是心态的对决”，这句话点明了积极心态的重要性。不过，积极的心态不是指盲目乐观，低估问题的严重性，或者无视问题的存在；相反，是承认意外发生的可能性，承认存在一些不可控因素可能导致问题的发生，并相信自己能够凭借强大的基础、充足的储备、灵活的结构，良好地应对问题，并通过对问题的分析及处理过程的经验整理，挖掘不可控问题背后的可控因素，将意外发生的概率降到最低。

看到这里，或许你会在心中浮现一丝疑问：既然问题的发生是不可预测、不可控制的，我们还能够在其中找到可控的因素吗？答案是肯定的。正如暴雪、洪水等极端天气的发生本身是不可控的，但导致其在最近一段时间中频繁发生的原因可能是全球气候变暖，而这一点是可以依靠努力加以改变的。新买的手机尽管放在包中保管，却还是不幸被偷了，这件事看起来难以预测，也难以避免；但如果深入思考，你或许会发现，手机之所以被偷是由于你过度小心，每隔一段时间便伸手去摸一摸，确认是否还在，这一规律性的动作引起了小偷的注意，导致了手机被偷。因此，尽管小偷偷手机行为的发生是难以预测的，但每隔一段时间伸手摸索确认手机还在的行为，却是可以控制的。若向更深层次考虑，小偷之所以能够大行其道，其背后的原因可能是该地治安条件不够好，再深层次的原因可能是由于当地教育不够普及、经济发展状况欠佳等等，而这一系列的因素，都是可以通过切实的行为加以改善的。

当一起突发事件发生后，人们往往会本能地感到无助、恐慌。而风险越是没有明确的目标指向性，这种恐慌的情绪就越是强烈。但我们应当明白，这种恐慌情绪无论是对于问题的解决还是预防，都只会起到负面的作用。最为典型的，这一类的现象常常出现在城市治理当中。例如，城市路面的突然塌陷，对于大多数受害民众来讲，实在是无妄之灾。而将其归结于自己的倒霉，或者因此陷入恐慌当中，都实在是不可取的方法。路面的塌陷虽是偶然，也是必然。其可能是缘于地下水过度开采引发的地面沉降，可能是缘于地下供水、排污管线建设导致的土质松软，可能是缘于地下施工单位的“豆腐渣”工程……真正积极的做法是迅速放平心态、冷静分析，发现偶然背后蕴藏着的必然因素，将不可控转化为局部可控，甚至完全可控。

强大的基础积累与极端的杠铃策略

人生总会遇到坏事，但或大或小，存在程度上的差异。有些坏事的发生之所以令我们恐慌，不仅缘于其不可预测、不可控制，更是缘于其可能造成的不利因素，会对我们施加巨大的影响，使我们产生强烈的甚至不可挽回的损失。的确，那些不能“杀死”我们的，会使我们更强大。但你首先需要保证，这些坏事不会将你“杀死”。

而要想防止被坏事“杀死”，最常规的选择莫过于尽力降低自己暴露在坏事面前的概率，或者想方设法削弱坏事的力量，将其维持在可控的范围内。但这种方法并非总是奏效的，毕竟这些小概率的坏事是如此难以预测、难以捉摸。我们不妨换一个思路：如果不能有效削弱坏事的力量，那么提升自己的力量是否是一条行之有效的路径呢？

亚里士多德在《政治学》一书中写到一则关于米利都学派始祖泰勒斯的逸事。泰勒斯生活的米利都是一个重要的贸易港。或许是受当地商业氛围的影响，泰勒斯曾做过一项橄榄油压榨机的生意，并大获成功。橄榄作物的生长、成熟是具有一定的季节规律的，泰勒斯应用了这一规律，在淡季的时候以极低的价格租用了米利都附近所有橄榄油压榨机的使用权，并在橄榄丰收、压榨机需求大幅提升之时，对机器进行转租，从而大赚一笔。固然，这是缘于泰勒斯运用自己丰富的知识，预测到这将是一个橄榄作物的丰收年。但即使今年的橄榄没有迎来大丰收，垄断了米利都橄榄油压榨机使用权的泰勒斯，也未尝不会小赚一笔。强大的资源基础，使其完全有条件应对哪怕是一次荒年的变故。

在生活中，我们不难发现，同样一件坏事对于不同的人会施加完全不同的影响。例如，“投资一万元血本无归”，这件事会使有些人陷入一蹶不振、走投无路的境地；会使有些人大受打击，省吃俭用数年填补损失；会成为有些人一次惨痛的教训；也会在有些人眼中无关紧要；甚至会成为有些人眼中一次付出少量学费的宝贵投资经验课……同一件坏事，造成完全不同的影响，带来全然不同的感受，很大程度缘于实力基础的差异。

强大的基础会使你拥有更多的可选择性，使你不需要确保事事正确，也无须担心坏事发生。只要你注意不要去做太多自损的行为，便总能在有利结果出现后乐享收益，在可能风险爆发时从容应对。需要注意的是，这里提到的所谓“强大的基础”，绝不等同于“足够富有”，这里的“基础”可以是金钱等物质财富，也可以是知识、才智、人脉等无形资产。而每个人不同方面的基础积累是不同的，这也使得能够“杀死”别人的坏事，不一定能杀死你；足以杀死你的坏事，在其他人眼中也有可能不值一提。于是，在不同的层面夯实强大的基础，能够有效地帮助我们有能力应对不同方面的危机。

除了提升自己的力量之外，削弱坏事可能造成不利因素的另一条可能路径是通过提升有利因素进行风险对冲。当然，在大多数负面的意外事件来临之前，我们并不能准确判断什么是有利因素，什么是不利因素，但我们采用处在两个极端的方式来处理事物，进而达到有利与不利因素平衡的效果。塔勒布将这种方式称为“杠铃策略”。

什么是杠铃策略？顾名思义，就是就像杠铃一样，中间无一物，重量放两端。采用杠铃策略，意味着告别单一的中庸模式，而是同时采取极度激进与极度保守的双重态度，打造一端是极度的风险规避，一端是极度的风险偏好的杠铃状局面。杠铃策略旨在通过两种截然不同的方案组合，摒弃对模棱两可的中间路线的倚赖，进而有效消减毁灭性风险的损害。

杠铃策略最常应用的场合是在金融投资领域。如果我们在投资时，将全部的钱投入到非常安全的渠道上，例如以“保值货币”的形式存储起来，只能获得极少的收益。如果我们将全部的钱投入到高风险的渠道中，例如投机证券，则将面临巨大的投资风险。那么如果选择中庸路线，将全部的资金投入到中等风险的证券中呢？这看起来是一个不错的选择，但实际上却既损失了高回报的可能性，也难以应对小概率但危害巨大的金融危机等市场动荡的发生。杠铃策略鼓励我们将部分投资用于异常安全的保值货币，部分投资用于风险极大的“投机证券”。

当然，两者当中，在安全但低收益领域的投资将占据更大比重。事实上，这与股神巴菲特的投资策略不谋而合。他曾坦言："我永远把大部分资金放到安全稳妥的渠道上，我也永远保持对高风险的小额追逐。"

除了金融投资领域，杠铃策略也适用于其他生活的方方面面。例如，英国医学研究者发现，对酗酒者的最佳戒酒治疗方案，不是每天削减饮酒者的饮酒量，而是每周戒酒 3 天让肝脏充分休息，其余 4 天任患者开怀畅饮。以高产著称的一位比利时小说家工作的方式并不是每天按时撰写书稿，而是在一年中抽出 60 天左右的时间集中撰写，其余时间充分休息。这些案例以事实证明了杠铃策略的确有其可取之处。

充足的储备，提升可选择性

20 世纪 30 年代，一场突如其来的经济危机席卷全球，大量产业工人陷入失业的窘境。经济形势的恶化使得工厂不再需要这么多的工人，而更加不幸的是，这些工人在脱离工厂之后，迅速陷入走投无路的境地。他们被大工业培养成为工厂的"螺丝钉"，唯一的技能是依附于工厂而存在的，脱离工厂的同时，意味着他们失去了安身立命的能力。

这是一个周一，你早已把自己的一日计划安排得满满当当：几点起床、几点吃早饭、几点出门、几点到达公司、几点开始工作……时间精确到秒，力图精准、有序、万无一失。你希望自己成为一个有计划、有规律的人，并对自己的计划信心满满。不幸的是，今天的公交车晚点了，你的一日计划因为这一不可控制的坏事干扰，全部作废。

这是一次重要的会议，你的任务是将自己的方案推介给客户。对此，你进行了周密的准备，方案结构完整、内容丰富，是一个经过多次推导的最佳方案。然而，会议一开始，客户就提出了他不喜欢的一类方案设定，恰巧你的方案便采用了这一设定，于是，会议还没有开始便似乎已经结束了，你尴尬而无助地愣在原地，暗自抱怨“都是墨菲定律惹的祸”。

……

面对这些不可控的状况，我们除了抱怨自己的运气不佳，还有其他的选择吗？提升冗余备份，或许是一条可能的解决路径。

提升冗余备份，简单来讲就是多做准备，为自己提供更多可供选择的问题解决路径。如果你不幸成为20世纪30年代的产业工人，你当然无法预测更不用说阻止经济危机的发生。但如果你不仅是工厂中的一颗螺丝钉，更是一名与时俱进的“T”字型人才——纵向上，你是一个在所在领域里很难替代甚至无可替代的人；横向上，你的知识广博，能力广泛——那么，你至少不用担心自己在离开工厂之后，失去谋生的能力。如果你是那个力求开启规律生活的计划拟订者，你一定无法使自己变成真正的“计划通”，对所有意外的发生进行准确预判，但完全可以在计划拟订时，为意外的发生预留出时间。如果你是那个方案与客户需求相冲的倒霉蛋儿，你或许无法对客户的需求与偏好进行预判，但至少可以做到多准备几套备选方案，不至于使自己在一套方案被否之后，尴尬地愣在原地。而这些，正是提升冗余备份的力量。

我们往往会对“冗余”心怀排斥，毕竟“冗”即是“多”，冗余往往意味着多余，甚至浪费。于是，我们习惯于回溯历史上曾经出现过的最坏情况来制定预案，依据经验中需求的“量”进行准备。然而，颇为矛盾的是，曾经的历史最糟情况本身，也是超越其发生之前的“最糟”。于是，现实生活中，我们很难判断“最”的状态究竟会达到何种量级程度，很难判断做多少准备才是足够的，只能是尽己所能地多做准备，为每项计划留出冗余的空间，并积极准备可能的应变预案。这恰如人会有两个肾脏，以及一系列看似多余的器官，层层冗余正是自然进行风险管理的最基本措施。或许当那些小概率的坏事没有发生的大多数时间里，冗余的备份的确是多余的。但意外一旦发生，冗余的备份便成为抵御风险的力量。而墨菲定律告诉我们，这些坏事总会发生。

灵活的结构，成长型组织

2005 年时诺基亚手机风光无限，在全球手机市场占有率高达 72.8%，比现在的苹果、三星、华为三大巨头市场占有率之和还要多。但 2007 年智能手机的出现，对于诺基亚来讲，着实是一场突如其来的灾难，而这场灾难也导致了诺基亚的迅速衰落。诺基亚不是没有转型的机会，但庞大而僵化的组织结构，使其在面对信息技术的崛起时，采取了轻视的态度，不愿拥抱波动和风险，并最终使自己被智能手机这一看似突如其来的变化所击倒。诺基亚的 CEO 约马奥利不无沮丧地承认："乔布斯打开了一个魔盒，然后 Android（安卓）将我们送上了绞刑架。"

现代管理理论认为，组织成长的生命力，表现在跨越时空的适应性上。简单来讲，没有人能够预测那些小概率的坏事在何时以何种形式发生，即使是一个成熟而强大的组织也不例外。任何一个组织想要顺利度过每一个突如其来的厄运，走出墨菲定律的阴影，就必须具备适应任何环境的能力。这种能力不是依靠庞大的规模或者在现阶段市场中所具有的强大竞争优势所能实现的，而是凭借灵活的结构和持续的创造力，在达到每一个临界点时，实现自我刷新、自我成长，进而在激烈的市场竞争中保持优势。

事实上，一个庞大而强劲的组织，反而更容易被突如其来的坏事所击垮。这是由于组织结构越是成熟，越容易形成并持续遵循运转的惯性，更难以放弃固有的优势与习惯；在难以预测的变化面前，更容易采取焦虑、回避，或者抵抗震撼、维持原状的策略，其既然难以抵御变化，更不用说在变化中寻找新的机遇。而在这个技术驱动环境巨变的时代，在不确定性成为常态的当下，如何应对墨菲定律，驾驭组织发展之路上的不确定性，已经成为组织管理所面临的最核心挑战之一。而解决问题的关键，就在于让组织更灵活、更具成长性。

一个灵活而有成长性的组织，势必是一个重视创新的组织。政治经济学家约瑟夫·熊彼特认为，创新可以将生产要素的新组合引入生产体系的过程当中，帮助组织突破自身局限，找到生机和出路，创造出新的价值。管理大师克莱顿·克里斯坦森认为，“颠覆性创新”可以帮助新的竞争者迅速瞄准市场根基，对固有市场带来重新洗牌式的颠覆性影响。如今，越来越多的组织认识到创新的重要作用，出台一系列的鼓励创新政策，甚至将创新写入企业文化当中。不过，应当注意的是，创新绝不等同于新奇的想法，创新不仅意味着新颖，更不能脱离实用。否则，为了创新而创新，工作反而会变形。正如管理学家彼得·德鲁克所言：“行之有效的创新在一开始可能并不起眼。不起眼的细节，往往会造就创新的灵感，让一件简单的事物有超常规的突破。”真正的创新是融入生活、改造生活的，毕竟“创新不是浮夸的东西，创新要做的是某件具体的事”。同时，创新往往意味着对固有规则的打破，意味着主动拥抱变化、选择挑战。这不仅意味着需要对新事物的支持与认同，更需要打破旧规范的勇气。

一个灵活而有成长性的组织，势必是一个拥有开放心态的组织。相对于故步自封，这样的组织更加开放活泼，更倾向于鼓励成员们之间相互协作、彼此沟通，进而使整个组织更具活力。无论在成长发展还是挑战应对方面，这样的组织都具有更多可能的方案、更大选择的空间。例如，谷歌公司就十分重视打造开放的组织环境，建设更具活力的团队。从办公室的设计开始，谷歌就力图创造世界上最令人感到幸福、最能激发生产力的工作场所，打破常规办公室的布局形式，在办公室内设置了健身房、休息区等配置，使办公空间尽可能地自由开放，以此帮助员工尽可能地发挥想象力与主动性，更灵活地交流与办公。此外，谷歌还独创了“20%时间”的工作方式，鼓励工程师们拿出工作时间的20%，自由研究自己感兴趣的项目。你或许很难想象，如今颇受用户喜爱的谷歌新闻、谷歌地图等产品，都发源于“20%时间”。

一个灵活而有成长性的组织，势必是一个对失败保持宽容的组织。美国工程院院长克莱顿·丹尼尔·牟德坦言，当今世界，拥有热情无疑是最重要的问题，其次是要有独立自主的创新环境，这就意味着必须容忍失败。对失败保持宽容，甚至主动试错，不仅是实现开放创新的必然前提，更是提升组织应对挑战能力的必然要见。失败也是一种经验，它能帮助组织在遭遇墨非定律时依旧保持冷静，迅速化解危机。

此外，一个灵活而有成长性的组织，在制度结构建设上，也通常是颇为灵活的。其中最具代表性的莫过于日本“经营之圣”稻盛和夫提出的“阿米巴经营模式”。这种模式通过“量化分权”，由上到下，由大到小，分层逐步推进，将庞大的组织拆分成一个个小小的集体，以此让每一个一线员工都成为企业经营的主角，让员工与企业成为精神共同体、命运共同体、目标共同体、利益共同体。阿米巴经营模式有效避免了墨守成规、结构僵化等大企业病，使企业可以像阿米巴虫一样，伴随外部环境变化而不断变形，调整到最佳状态。这种模式也有效帮助京瓷公司在经历 4 次全球性经济危机之后，依旧屹立不倒，甚至发展成为东京证券交易所市值最高的公司。

在我国的实际应用中，华为公司的“灰度管理”也彰显了对组织结构灵活性的重视。灰度管理的重点在于包容，即通过授权与合作，使组织充满活力，进而拥有与变化和不确定性相处的能力。在灰度管理下，公司将部分权力下放到中基层，同时弱化规则标准，由为员工提供一个清晰具体的任务指标要求，转变为为员工提供各类资源、机会、平台等发展支持力量，更好地激发员工自身潜能。对包容性、多样性的强调，使得组织不再倚赖建立组织壁垒的方式获得成功，而是不断进行自我调整，找到适应变化，甚至在变化中发现新机遇的路径。

总而言之，墨菲定律的存在常常令我们每一个个体感到惊慌、无力，对于组织也是如此。加之由于组织具有比单一个体更大的体量、更强的惯性，这也使得组织的转型之路往往如同大象跳舞，步履维艰。但这并不能阻止大多数现代企业都开始行动起来，通过提升组织自身的灵活性、成长性，使自己能够直面墨菲定律，更好地迎接未知的变化，甚至具备从不确定中获益的能力，将不确定的挑战转变为一次意外的机遇。

◇ 预估偏差，防患于未然

墨菲定律道出了一个铁的事实：无论我们解决问题的手段多么高明，也无法避免危机的发生。墨菲定律中所描述的危机，可能是高度随机的，难以预测，难以规避，令人防不胜防。但我们更应当注意到，另有一类危机的发生是完全可预测、可控制的。这类危机之所以能够发生，是缘于我们的疏忽大意、心存侥幸、自以为是……总之，这类危机看似意外，实际却能在我们自己身上找到发生的答案。为此，我们完全可以通过采取多种保险措施，居安思危，做好预案，未雨绸缪，防患于未然，防止这些人为失误所导致的意外降临。

居安思危，强化危机意识

米歇尔·沃克在她的《灰犀牛：如何应对大概率危机》一书中感叹："当我们遇到危机处于萌芽状态时，往往不以为然，或者无暇顾及，导致防范措施搁浅；而当小的疏漏最终演变为大的灾难时，我们不得不投入巨大的财力、精力、人力，匆忙收拾残局。"批判现实主义作家罗曼·罗兰更是直言："人们常觉得准备的阶段，是在浪费时间，只有真正当机会来临，而自己没有能力把握的时候，才能觉悟自己平时没有准备才是浪费了时间。"很多时候，我们不是不具备提前发现甚至阻止危机的能力，而是缺乏一颗具备危机意识的心。而墨菲定律所做的，正是敲响那只高悬在我们头顶的警钟，警示我们做好迎击危机的准备。

特别是在安全管理领域，做好迎击危机的准备更是必不可少。安全是每个人生存的基本需要，事故往往意味着生命的逝去，是所有人都不希望发生的。而重大安全事故发生的概率又是很低的，安全状态往往是一般意义上的正常状态，这也使得安全往往会被人们不自觉地忽视。但这种麻痹大意的思想和侥幸心理，又反过来造成或加重事故的发生。而墨菲定律正是从小概率事件必将发生的角度，强调事故的发生即使概率极低，也不能放松警惕。“警钟长鸣”意在警示所有人时刻不能放松安全意识，时刻不要怀抱侥幸心理，对于生产、科研活动中的大小环节，都要认真对待。居安思危，才能有效防范风险。

由此，墨菲定律为安全管理带来了一大变化，就是将被动管理转变为主动管理。传统安全管理强调事故发生后经验总结，以一种亡羊补牢的方式，从事故的发生中找到事故的预防之路。但墨菲定律告诉我们，这种片面依赖经验总结的安全管理是行不通的，我们根据以往的经验，自认为阻断了事故发生所有的路，但新的情况、新的危机，总会源源不断地来临。特别是在当今信息时代的背景下，技术进步日新月异，人的价值取向和行为方式日趋多元化，导致事故发生的诱因越来越不稳定化、多样化，这也使得传统安全管理模式越来越难以适应当今时代发展的要求。而墨菲定律打破了人们反复试错、掌握规律、消除事故的模式，转而审视自己身上侥幸、自负的不足，尽己所能做好事故预防与应急处置准备，反而更能牢牢掌握安全管理的主动权，降低事故发生的可能性。

同时，墨菲定律为安全管理带来了又一大变化，即将领导管理转变为全员管理。安全管理作为管理的一种，常使人错认为这是只有管理者关心的事情。而事实上，任何一个操作人员的细微偏差，都可能酿成严重的安全事故。所谓“100-1=0”，个体的不安全行为往往会祸及全体，安全管理与生产、科研活动的全体参与人员都密切相关。而墨菲定律在调动全体人员的安全意识，自觉投身到安全管理活动中，发挥了重要的作用。它以一种十分大众化的方式，在潜移默化间为全体成员注入了“小概率事件也会发生”的理念。同时，“坏事总会发生”足以对人形成压力，成为调动积极性的负诱因，激发全体人员的警惕之心，提升全员参与安全管理的自觉性。

可以说，墨菲定律的内容并不复杂，所阐述的道理也并不深刻，使每个人都能够理解。但其之所以能够长久存在并广泛流传，是由于人们难以克服主客观条件的限制，时常主动或被动地忘却小概率可能酿成大事故，并因此酿成巨大的灾难。而墨菲定律的关键之处在于不断重申这一看似简单的道理，对人们进行警示，并积极行动、做好准备，应对可能发生的事故。

2003 年 12 月 23 日 21 时 55 分，重庆市开县高桥镇罗家寨发生特大井喷事故，富含硫化氢的天然气猛烈喷射 30 多米高，失控的有毒气体迅速扩散，造成 243 人死亡、2142 人住院治疗、6 万多灾民被紧急疏散安置。事故的起因是现场技术服务组负责人违规操作，卸下了回压阀防井喷装置，酿成极大的安全隐患。而对于这一隐患，钻井队的技术操作人员、录井工、井队井控工作第一责任人等均没有予以重视，加上一连串不利的客观因素的影响，最终导致事故的发生。

2015 年 8 月 12 日 22 时 51 分，位于天津市滨海新区天津港的瑞海国际物流有限公司危险品仓库发生火灾爆炸事故。据监控视频和地震台网监测显示，此次火灾爆炸事故包含两次大型爆炸，另夹杂数次小型爆炸，爆炸威力惊人，约等于 450 吨 TNT 爆发的能量。此次事故共造成 165 人遇难、8 人失踪、798 人受伤，损毁各类建筑物 304 幢、商品汽车 12428 辆、集装箱 7533 个，是一起特别重大生产安全责任事故。而这次事故的直接原因在于违规堆放在运抵区的硝酸铵等危险品，由于湿润剂散失出现局部干燥，又在高温天气等因素的作用下加速分解放热，积热自燃，并引燃相邻集装箱，发生连锁反应。

在这两起事故中，我们不难发现，高温天气等客观因素在其中发挥了作用，但事故发生的根源却不在于此，而是不约而同地指向了危机意识的缺失。这种危机意识的缺失可能是缘于对危机程度的认知不足，但更多时候是明知故犯、心存侥幸。正如天津港事故发生后，一位受访者所描述的那样：“高等级危险品不是哪里都可以装卸货的，必须要在指定的堆场，（瑞海天津港的危险品存储）肯定是不合理的。但人们似乎都不太关心那白色的危化品集装箱里的东西会出事，毕竟出事是小概率事件，赚钱最要紧。”

诚然，事故的发生尽管具有一定的突发性、不可预测性，但只要具备危机意识，就并非完全不可防控。例如，在飞机维修中，可能发生未将座舱压力调节器开关放在工作位置，进而引发空难的小概率事件。我们固然无法预测何时、何地、哪名操作人员可能出现这样的疏漏，但我们可以通过向全体操作人员普及这一安全知识，制定维修复核规则，开发调节器失效补救系统等方式，尽可能地降低事故发生的可能性及影响程度。而这一切预防和控制措施能够被提出并顺利运行的前提，在于承认在科研、生产等活动中，存在这各式各样固有的、潜在的危机，并且这些危机迟早会在现实世界中予以兑现。简单来讲，墨菲定律所具有的警示职能，是安全管理中各项预防控制措施能够发挥作用的先决条件。

而所谓做好准备，指的是可能的预防方法、手段、措施。认知危机、心怀警惕，能够督促人们在事故发生之前便积极探寻可能的危险因素，评估事故发生的可能性，设计可能的应对方案。同时，事前准备预防的过程，也伴随着心理建设的过程，早做准备使得我们不容易陷入对事故毫无估计的被动境地，防止受困于惯性，当意识到不得不有所行动时才做出行动，以至于错过最佳行动时机，造成难以估计的损失。这种危机意识能够帮助我们不断进行自我反思，保持不懈怠、不骄傲、勇于进取、扎实向前的谨慎积极之心。这种危机意识更能够帮助我们时刻保持清醒的头脑，拥有敏锐的感知，对新变化做出及时、迅速的反应。如此，才能真正实现“不打无准备之仗”，严阵以待地应对危机。

当然，墨菲定律所发挥的警示职能，不仅被应用于安全管理领域，其对于企业管理，甚至对每个人的日常生活，都不乏积极意义。

英特尔公司前总裁安迪·葛洛夫对此深有感触，他坦言：“只有那些危机感强烈、恐惧感强烈的人，才能真正生存下来。”一家懂得墨菲定律的公司，是一家具备危机意识的公司，能够“在晴朗的天气里修整房子”；能够在发展平稳的时候，认识到可能的市场变动会对公司造成怎样的冲击，实力不强终会败倒在市场的大浪潮之下；能够在身处风口之时，认识到风口总会成为过去式，缺乏核心竞争力终将被市场淘汰；能够在占据领先优势之时，认识到后来居上并非遥不可及的传说，没有创新活力终将被新时代所抛弃。

同样地，一个懂得墨菲定律的人，是一个具备忧患意识的人。他不会心怀一劳永逸的期待，不会心怀侥幸将时光消磨。躺在过去的功劳簿上，对现在心存侥幸，对未来盲目乐观，这是不少人真实的生活写照。不对自己提出更高的要求，生活终会教给你“只有不停奔跑，才能保持在原地”。

防微杜渐，重视细小的预兆

德国飞机涡轮机的发明者帕布斯·海恩，曾针对严重安全事故这一小概率事件，提出了著名的海恩法则。海恩法则指出，每一起严重事故的背后，必然有 29 起轻微事故和 300 起未遂先兆以及 1000 起事故隐患。

相似地，美国著名安全工程师海因里希在统计了 55 万件机械事故后发现，机械事故中，死亡或重伤、轻伤或故障以及无伤害事故的比例为 1：29：300，即每发生 330 起意外事件，有 300 件未产生人员伤害，29 件造成人员轻伤，1 件导致重伤或死亡。这与海恩法则的结论不谋而合。更进一步，海因里希提出了事故因果连锁论，用来阐明导致伤亡事故的各种原因及与事故间的关系。该理论认为，伤亡事故的发生不是一个孤立的事件，尽管伤害可能在某瞬间突然发生，却是一系列事件相继发生的结果。

由此可见，重大事故的发生看起来是突发的、不可预测的，但只要认真分析就会发现，这些突发的危机大多都是潜伏的危机积累到一定程度的结果。特别在安全管理领域，所谓"无危则安，无损则全"，安全无小事，一个小小的举动完全有可能酿成一场巨大的灾难。而相应地，只要将事故隐患、事故征兆减少到最低限度，看似难以预测的严重事故发生的可能性就会相应降低到最低限度。重视事故发生的细小预兆，完全可能实现防患于未然。

2015 年，某地景区发生山体滑坡事故，滑落的碎石导致 7 名游客遇难，25 人受伤。经专家组调查鉴定，这是一起自然突发性崩塌地质灾害，一场突发的、难以预测的小概率事件。但这场小概率事件，真的是一次不可避免的天灾吗？据媒体披露，早在一年多以前，事故发生地就发生过小规模的落石事故，虽未造成人员伤亡，但据勘测显示，已存在大规模落石的隐患，但这并未引起景区的重视。而在事故发生前一个月左右，事故地点附近又有工程启动，更加重了山体的负担，最终在连续降水的影响下，造成岩体自重加大脱离山体发生崩塌。试想，如果在第一次落石事故后景区就加以重视，采取加固山体、规避施工、再规划游览线路等措施，即使不能完全避免事故的发生，至少可以将发生的概率及可能造成的损害进行有效的控制。

2013 年 7 月 6 日，韩国韩亚航空公司 214 航班，由波音 777-28EER 型客机执飞，从仁川国际机场飞往旧金山国际机场。航班在美国旧金山机场降落时，失事滑出跑道，机身起火，导致 3 人遇难。事故发生的原因是驾驶客机的飞行员在手动驾驶降落时感到“非常紧张”，操作出现失误，航速调整出现偏差，导致飞机在接近跑道时的速度低于所需速度，进而酿成空难惨剧。这场惨剧，也验证了细节在事故因果链条中的重要性。

墨菲定律告诫我们，小概率危险事件的发生是偶然，更是必然。我们不能只看到偶然性，而忘记了偶然性背后的必然性，忽略隐患、细节、征兆，忽略客观上存在着的薄弱环节。任何一场危机发生之前，都会有不同程度的征兆显露出来，只是这些征兆常常被蒙上“危害程度低”“扩大演变概率小”的面纱，加之我们的侥幸怠惰、盲目乐观，常常令我们身处其中却不以为意。待到小隐患积累成大隐患，小错误发展成大错误，小危机演变成大危机，我们方如梦初醒。唯有抓住危机发生的端倪，我们才能将危机消灭于萌芽，防患于未然。唯有以严谨的态度进行周密的检查与处置，我们才能避免小危机发展为无法弥补的悲剧。

“少了一根铁钉，丢了一个马掌；少了一匹战马，失了一个国家。”这就是细节的力量。而墨菲定律告诫我们，要重视这种力量。特别是在安全管理当中，不仅要重视发生频率高、危险性大的事件，更要重视暂时未造成巨大损害，甚至尚未发生的未遂事故，实现所谓的“零事故”管理。唯有以这样的态度积极进行防范，我们才能有效避免安全隐患从潜在危机、小危机量的积累，演变成突发事故质的爆发。

未雨绸缪，做好最坏的打算

当危机尚未发生，我们以怎样的心理去面对它，往往决定了它是否会真正发生。如果抱持小概率的态度，难免心存侥幸，甚至当危机真正爆发之后，还会将其归结于偶然因素，无法从中真正吸取教训。而抱持墨菲定律的态度，做好最坏的打算，最好的情况反而能够水到渠成。

也正因为如此，我们能够在许多设备上看到一种被称为“傻瓜装置”的失效保护装置，像是割草机的停止运转杠杆，或者电热水壶的干烧自动断电装置等。这种装置设计的过程，就是通过对最不利状态下的有效保护，实现最大限度避免可能危机的发生。

采取谨慎的态度，做好最坏的打算，就能未雨绸缪，阻止危机的发生了吗？诚如我们所见，尽管我们小心谨慎，制定了各式各样的精密规则，研发了各种各类的防范装置，但依旧不能避免危机的发生。恰如格雷夫法则所描述的那样：“如果你给什么东西装了傻瓜装置，这个世界就会冒出一个更傻的傻瓜。”更何况，在许多情况下，小概率事件发生的后果本身是可以承受的，而在为避免小概率事件发生采取努力的过程当中所付出的额外成本，反而会更多。那么，这是不是意味着应当对小概率事件的发生听之任之呢？

在夏天时就开始储备过冬的物资是明智之举，这并不能保证让你度过一个完美的冬季，但不做准备的冬季一定会异常艰难，更何况夏季时做准备会更容易一些。一个简单的现实是，在信息技术飞速发展，科学研发、生产生活日益精细化的今天，许多错误发生的代价会异常昂贵，昂贵到为避免其发生所做出努力消耗的成本，在其面前不值一提。

更何况，做最坏的打算，不仅能帮助我们做最好的准备，更能通过前置性的心理建设，舒缓危机真正爆发时可能造成的压力。被誉为20世纪最伟大心灵导师和成功学大师的戴尔·卡耐基，对此便深有体会。他曾提出过一个名为“卡瑞尔公式”的忧虑情绪解除方法。

威利·卡瑞尔是一名纽约水牛钢铁公司的工程师，他在某次去密苏里州安装瓦斯清洁机时遭遇了一个不大不小的挑战——安装好的机器勉强可以使用，但是远远没有达到公司保证的质量。对此，卡瑞尔感到十分焦虑，但他很快意识到焦虑并不能解决任何问题。于是，他转念一想：这件事情最坏会导致什么结果呢？最坏的结果是自己会因此而失业。如果丢掉了这份工作，会怎么样呢？结果不过是再找一项工作，但这种情况还是可能会发生，因此最迫切的是找到并提升安装质量的方式。当卡瑞尔做好能够接受最坏情况的思想准备后，发现自己竟然能够平静地将时间和精力用来改善那种最坏的情况了，并且顺利地解决了问题。

卡耐基总结说：“卡瑞尔公式的使用方法非常简单，总共包括三大步骤：步骤一，排除恐惧情绪，理性分析情况，找出万一失败可能导致的最坏情况；步骤二，接受这一最坏情况，让自己放松下来；步骤三，镇静地思考，找到改善最坏情况的路径。”简单来讲，卡瑞尔公式就是唯有强迫自己面对最坏的情况，在精神上先接受它，才会使我们有能力集中精力解决问题。

而墨菲定律，就相当于将最坏的情况提前告知了我们。对此，无论是置若罔闻，继续我行我素，还是焦虑恐惧，深陷悲观情绪，显然都是不可取的。做好最坏的打算，是为了使我们在接受最坏的思想准备之后，冷静面对出现的问题，集中精力从容镇定地解决它，最终促使最坏的情况向好的方面转化。如此，预估偏差，未雨绸缪，才能真正实现防患于未然。

第三章

名为“墨菲”的潜意识魔咒

这是一次非常重要的演讲比赛，你在过去的一周中曾反反复复地准备，却依旧惴惴不安，生怕在众人面前露怯。“好害怕演讲啊，台下这么多人，一定会令我紧张到忘词的。”你在心中默默地想。结果，演讲比赛的现场，早已演练过无数遍的稿子还是被你忘得一干二净。

你最近换了一个新搭档，虽然彼此还不太了解，但你直觉他是个不好相处的人。经过一段时间的接触，你们合作的机会越多，你越是能发现他的身上存在着这样那样的问题。“真的被我预感到了，这的确是一个非常糟糕的搭档。”你在心中暗暗地懊恼。

昨晚做了噩梦，起床也变得不及时了，又是个雨天。心情很差，周围的一切似乎也都是那么不顺心。于是你又是生气，又是无助，心里想着："真是祸不单行，'水逆'的一天。"

……

遇到这些情况，我们常常会说，自己遭遇了墨菲定律的魔咒。但仔细观察这些生活中的墨菲定律，似乎与概率问题并不相关。如果说"人生不如意事十之八九"，这些被我们冠以"遭遇墨菲定律"名义的事，甚至不是能称得上是小概率事件。事实上，我们也并不纠结于这些事件发生的概率，更多的是借由墨菲定律感叹一句"真是倒霉"。从这个角度看，墨菲定律更多的是在探讨一个心理学层面的问题，用以描绘一场潜意识驱使下的悲剧。

◇ 越怕什么，越来什么

对于墨菲定律的来临，我们并非毫无察觉。事实上，许多时候，我们可以预测到可能出现的差错，并因此投入百倍的精力，拿出了万分的重视，进行了细致的准备，却依旧未能避免坏事的发生。我们没有心存侥幸，也没有盲目乐观，事实上，我们甚至已经无法做到更谨慎了，却依旧迎来了宛若命运般的败局，这不禁令我们发出“无论如何准备，坏事总会发生”的感叹。

不过，面对重要的事情害怕出错，投入百倍的努力积极准备，却依旧迎来“怕什么来什么”的结局，这真的是因为我们太过倒霉，遭遇了墨菲定律的“魔咒”吗？

瓦伦达效应：越在意的，越容易失去

美国高空钢索表演艺术家瓦伦达，因稳健而精彩的走钢丝技艺闻名于世。而令所有人都不曾料到的是，在走钢丝表演中从未出过差错的瓦伦达，在波多黎各海滨城市圣胡安表演时，仅做了两个难度不大的动作之后，就从10米高空失足坠落，当场死亡。这是一场在瓦伦达心目中相当重要的表演，每一个动作、每一个细节经过反复地琢磨，早已烂熟于心。甚至直到正式上场之前，他还在不停地念叨："这场演出太重要了，我只能成功，不能失败。"而在瓦伦达的妻子眼中，恰恰是这种"重视"，造成了悲剧的发生。"在之前的表演中，他一直都是只关注走钢丝本身，对其他的事情毫不关注的。"瓦伦达的妻子无比悲痛地说，"可这一次，他把演出的成败看得太重了，结果出了事。"

心理学家们分析了瓦伦达悲剧发生的原因，并由此提出了"瓦伦达定律"。定律认为，即使如瓦伦达一般拥有高超的技巧和丰富的经验，一旦开始为了达到目的而患得患失，将注意力集中在结果是否成功而非事情本身上，就会犯下致命的错误。

相对于瓦伦达的故事，更为我们所熟悉的，是汉代刘向所著小说集《说苑》中记载的“后羿射箭”的故事。神箭手后羿射箭技艺精湛，夏王对此素有耳闻，便特地邀请他来御花园表演射箭，并许下诺言：“如果射中靶心，赏黄金万两；如果射不中，便削减你封地千户。”结果，后羿连射两箭，都不幸脱靶。夏王很奇怪，询问身边的大臣弥仁：“听说后羿平日射箭都是百发百中的，为什么今天连射两箭，都脱靶了呢？”弥仁回答说：“后羿是被患得患失的情绪所连累了，万金之赏与削地之罚成为压在他心中沉重的包袱，使他没有发挥出正常的水平。如果普天下的人们都能够抛弃患得患失的情绪，将厚赏重罚置之度外，他们的表现也不会比后羿差。”

无论是后羿还是瓦伦达，我们不难看出，他们出错的原因都在于一件事——对结果的患得患失。对于可能出现的错误，他们不是心存侥幸，而是太过重视，以至于形成沉重的心理负担，影响了正常水平的发挥。

对失败的害怕是一种正常的心理，但如果这种恐惧已强大到扰乱正常的思考、影响理性判断的地步，就不得不使人警醒了。这种恐惧不仅摧毁我们的心理防线，使我们丧失应对、解决问题的能力，更可能形成一种消极的心理暗示，加速危机的到来。

斯坦福大学的研究证明，暗示是没有选择性，也没有分辨力的。人脑中想象的图像，可以像真实发生的情况一样刺激人的神经系统，将假想当成现实，并为此做出努力。举一个简单的例子，朋友托你帮忙买一件T恤衫，要求只有一条，就是一定不要买黑色的T恤衫。由于他十分讨厌黑色，因此反复强调了这一点。那么现在你脑海中浮现出的是一件怎样的T恤衫呢？是的，恰恰是你的朋友特别强调不要购买的黑色T恤衫。同样的道理，当我们由于担心可能的出错，在心中一次次强调出错的情况时，大脑所真正记下的恰恰是可能出现的错误。并且在不断地强化暗示下，我们会不由自主地将想象中的错误"努力"演变成真实的错误。

"瓦伦达定律"说明，越是害怕失败，越可能导致失败。当忧虑的思想在心中环绕，此时应当做的不是纵容其发酵、壮大，而应积极调整心态，依靠自信坦然面对它。诚如爱默生所言："恐惧征服那些认为它们有足够力量征服的人。"一个拥有平常心的人，便不容易被对失败的恐惧所击垮。而想要拥有一颗平常心，除了通过反复练习塑造惯性进而达到"熟能生巧"，更常用的方式莫过于将关注与努力的重心由结果转移到过程中来。

认识到“事情可能出错”固然十分重要，但更重要的不在于认识到“错误”这一可能发生的结果，并因此忧心忡忡；而在于认识到“如何避免错误发生”这一过程，专注于问题解决路径的探索上。我们应当重视可能出现的错误，提醒自己做好应对危机发生的准备，不要心存侥幸、盲目乐观；也应当轻视错误的发生，倘若将失败看得太重，使自己陷入焦虑、恐惧的状态之中，又怎能找到应对错误的方式呢？正如法拉第所言：“拼命去换取成功，但不希望一定会成功，结果往往会成功。”

直觉定律：我们的预感并非空穴来风

英国利兹大学心理学家霍金森，曾讲述过这样一个真实的案例：在一场世界一级方程式锦标赛上，赛车手们正在赛道上驾车狂奔。其中一位赛车手在转过一道急转弯时，突然猛踩刹车，让疾驰的赛车骤停下来。他当然不可能看到弯道转过之后几辆连环相撞的赛车已经挡住了前行的路，但他还是在转弯的瞬间感受到了一丝异样——观众席上的气场似乎有些不同寻常，此起彼伏的欢呼声似乎减弱了许多，取而代之的是众多注视前方的惊愕目光。当然，身处激烈的比赛之中，他根本无暇仔细观察观众们的反应，更来不及进行逻辑分析与判断，但直觉令他选择让赛车停下来，而这个直觉也挽救了他的性命。

西方有句著名的谚语：“小的选择靠理性，大的决定靠感觉。”我们常常强调逻辑的力量，却往往会忘记，我们之所以能够在许多时候无从推理却能做出决策，所依靠的正是直觉的力量。

法国数学家布莱士·帕斯卡认为，“心灵有自己的逻辑，理性对此一无所知”。直觉绝不是一种不可捉摸的冲动，或者反复无常的玄学，恰恰相反，其拥有自己的原理与规律。直觉的产生看起来是神秘而突然的，其往往迅速地出现在我们的世界中，甚至于我们通常还没有完全清楚自己为何会出现这样的直觉，却又能够自然而然地将其化为己用。但归根到底，直觉的诞生离不开经验的积累。我们总是在不断地获取经验，不仅从自身的实践中获取，也从书本上、他人身上学习、获取。这些经验会积淀并存贮于人的大脑皮层上，彼此交织聚集在一起，形成一定的认知模块。当我们处于某种特定的场景，如突发性的压力、似曾相识的情形、不同寻常的外界刺激等时，思维会处于愤悱状态，大脑会迅速由其中的线索自动联想到另外一些线索，进而勾勒出一个完整的场景。此时，直觉便也会被自然而然地触发出来。简单来讲，直觉就是一种将经验转化为判断及决策的方式，是一种借助模式识别出具体情境下的事态进展，并迅速做出反应的能力。

直觉是一种非常重要的决策工具，许多时候它迅速而准确，令一般的逻辑决策望尘莫及。举一个简单的例子，对于一名高尔夫球手，击球的动作与击球的质量是紧密相连的。那么，如果给予击球手更多的时间用于调整他们的动作，让他们有足够的时间经过更缜密、细致的逻辑计算，是否意味着他们就能击出更精准、更高质量的球呢？实验证明，答案是否定的。对于一名高水平的球员，给予他们更多的时间来计算、设计出“最佳”的击球动作，其结果反而比不过仓促之间依靠直觉反应击球的结果。甚至给予他们用于逻辑思考、方案选择的时间越多，最终呈现出的动作效果就越差。在一个不确定的世界里，更多的信息并不意味着更好的结果，反而可能意味着更高的接收、处理成本以及更大的矛盾与混乱。而简单的直觉，反而能够胜过大量的信息。

现在，让我们回过头来看一下“越怕什么，越来什么”这件事。我们或许不能确切地道出理由，却不由得担忧事情可能会出错，这是否可能源于直觉对我们的一种提醒呢？当害怕的情况变成现实，或许并不是源于思维遐想的应验，而是这种看似空穴来风的遐想，其实是有所依据的。我们没有发现，或者不愿意发现那些可能诱发问题的因素，但直觉提醒了我们。

不过，这并不意味着人应当完全追随自己的直觉。我们在本书第二章中讨论过“常规的悲剧”，经验可能会犯错，相应地，诞生于经验的直觉也并非总是可靠的。“直觉魔幻论”的信仰者们会大肆宣扬直觉的力量，却掩盖了直觉可能会是一场错觉，甚至可能令人误入歧途。对于直觉，我们不应刻意压制它，因为很多时候它的出现都不是空穴来风的；但同时，我们也不应完全追随它，因为许多时候它并不可靠，需要做出修正。

事实上，早在18世纪，英国学者贝叶斯就提出了著名的贝叶斯定理，其中对于直觉和反直觉的观点，颇具参考价值。贝叶斯定理拥有一个看似简单，但又着实令人费解的数学公式表达：$P(A|B)=P(A)P(B|A)/P(B)$。其中，$P(A)$ 是先验概率，即根据以往经验和分析得到的概率；$P(A|B)$ 是后验概率，指利用B带来的新信息，修正B不存在时A的“先验概率”$P(A)$，从而得到B存在时的“条件概率”；而 $P(B|A)/P(B)$，就是调整因子，即发生调整变化的情况。简单来讲，就是后验概率 = 先验概率 × 调整因子。

贝叶斯定理试图在论证一件事，我们的经验是可以用来修正我们的理论的。一方面，贝叶斯定理证明了直觉存在的合理性，调整因子的存在会使得现实出现的情况与逻辑理论中的常规情况存在偏差，当我们直觉什么地方不对劲的时候，就是调整因子在发挥作用。用一句通俗言语来描述，就是“事出反常必有妖”。另一方面，要使直觉更趋近于真实情况，就需要利用其他信息来佐证直觉的判断。简单来讲，就是要不断基于新出现的状况，不断地动态调整我们的看法及态度，使直觉判断不至于与事实偏差太远。

总之，当我们开始看似莫名其妙地对某件坏事的发生而忧心忡忡时，要留意这种无意识的冲动，因为这很有可能是直觉给予我们的警示。直觉能够帮助我们先知先觉，能够帮助我们产生预期，因此，我们不妨给予直觉一个机会，用分析来验证直觉。对于直觉，你可以驳回它，但不要忽略它，因为忽略直觉就意味着错过了一次来自潜意识的迅速而免费的建议。

拔苗助长：操之过急，往往事与愿违

有个宋国人十分担心自家的禾苗长不高，于是去田中将禾苗一棵棵拔高，一天下来疲惫而满足，回家对家人说：“今天可把我累坏了！我帮禾苗都长高了！”他的儿子听到之后急忙赶到田里去查看情况，结果所有的禾苗都枯萎了。这个“拔苗助长”的故事出自《孟子·公孙丑上》，我们每个人都不陌生。而这其中蕴含着与墨菲定律相似的道理——我们越是害怕犯错，越是努力避免错误的发生，很多时候就越适得其反，导致错误的发生。

人们常说“一分耕耘，一分收获”，但在现实生活中，投入与产出未必成正比，向着一个好的目标付出超凡的努力，并不意味着就能收获超凡的结果。就像拔苗助长故事中的宋国人，我们不能否认他“拔苗”背后蕴藏的是“助长”的良好初衷，也没有人能够否认他在拔起棵棵禾苗时所付出的努力，这的确是一项格外精细而辛苦的工作；但显而易见的，无论他怀抱着怎样的善意，付出了怎样的努力，最终的结果却是一场惨痛的悲剧。甚至于，他在过程当中付出的努力越多，造成的结果就会越差。

这样的悲剧为何会发生？或许我们会将其归结于这个宋国人采取了错误的“助长”方法。我们都知道，在农产品生产中，肥料是十分重要的“助长”利器。如果这个宋国人以“施肥助长”代替“拔苗助长”，结果会不会有所不同呢？遗憾的是，在担心自家禾苗长不高心理的作用下，这个宋国人极有可能会选择努力为禾苗多施一点肥，而浓度过高的肥料不仅无助于禾苗长高，更可能直接烧死禾苗。不难发现，以“施肥”代替“拔苗”，结果并没有丝毫的改变。

那么，问题的症结究竟在哪里呢？关键就在这个“怕”字身上。我们越是害怕一件事情的发生，越会为其做更多的准备，投入更多的努力，采取更多的措施，最终的结果却往往事与愿违。

在经济学中，存在着一条边际效益递减定律：在一定时间内，在其他条件保持不变的情况下，随着消费者对某种商品消费量的增加，边际效益会相应增加；但当累积到相当消费量后，边际效益便会随着消费量的增加而减少。简单来讲，就是任何事物都不可能无限发展下去，当超过一个度时，更多的努力不仅不会获得更多的回报，反而可能会出现更多的问题。所谓“过犹不及”便是这样一个道理。

在经济学中，从不缺乏过犹不及的例子。例如，为了提升生产效率，亚当·斯密提出了劳动分工的理论。他指出，一名熟练工人，以一己之力竭力工作，即使拼尽全力也不能在一天之内制造出二十枚扣针。但如果将劳动拆分成细小的步骤，每个人承担其中一部分生产步骤，流水作业，齐头并进，即使不是一名熟练工人，每人每天制造二十枚扣针也变得没有这么困难。劳动分工大幅提升了生产效率，推动我们进入大工业时代。但当人们为了进一步提升生产效率，不断进行分工细化时却发现，过度分工开始使整个组织变得庞大而复杂，尾大难调的弊病大幅度削弱了劳动生产力。此外，“一根绳子是否会断裂，取决于它的强度；而一个链条是否会断裂，取决于每一个环节”，过度分工反而为组织带来了诸如整体风险增加等一类全新的问题。

在生活中，我们也不乏欲速则不达的经验。我们会因害怕迟到而于深夜辗转反侧，却由于太晚入睡反而造成了第二天的迟到。我们会因为急着赶路而高速行驶，却大大增加了交通事故的概率，反而影响了行程。墨菲定律就是这样，越是害怕问题发生，问题越会发生；越是急于求成，结果越难实现。我们不可能无限制的“快”下去，不可能永远都不犯错。大多数时候，害怕不仅无济于事，更可能加速推动所恐惧的事情真正发生。真正行之有效的做法不是匆匆忙忙奔向目标，而是长期保持一种相对稳定的合理节奏，有计划地步步推进。认识到可能发生的问题，积极地准备，坦然地面对。

◇ 认定出错，必定出错

在做一件事之前，我们通常会习惯性地对事情的成功率进行评估。当发现成功的概率小于自己的预期时，我们会心灰意冷、意志消沉，甚至索性放弃去做这件事。于是，害怕公众演讲，便不主动登台，迫不得已登上讲台时，却由于缺乏训练紧张到错误百出，这便进一步印证了之前对自己“不适合公众演讲”的判定。认为自己积蓄不够，不能支撑外出旅游，便一次次放弃外出的想法，而出游的钱却似乎永远都攒不够。一看就失败，必定失败；一想就不行，必然不行。很多时候，我们在心中搭建起条条框框的认定，对未来进行种种预设，而这些认定恰恰扮演了“预设成真”的幕后推手。

皮格马利翁效应：期望塑造现实

皮格马利翁是古希腊神话中的塞浦路斯国王，他善于雕刻，终日沉迷其中。他用一块洁白无瑕的象牙雕刻了一座美丽的少女像，为她起名加拉泰亚，并像对待自己的妻子一样抚爱她、装扮她，将全部的精力、全部的热情、全部的爱恋投入其中。最终，他的举动打动了爱神阿芙洛狄忒。爱神赋予了少女雕像真正的生命，并让她与皮格马利翁结为夫妻。

美国心理学家罗森塔尔非常喜爱这个神话故事，并且他通过研究发现，这一神话故事以另一种形式广泛地存在于现实生活当中。罗森塔尔和搭档雅各布曾在美国奥克小学进行了一个著名的实验。他们对 1~6 年级的学生进行了一次名为“预测未来发展趋势”的智力测验，并从中随机抽取出 20% 的学生，告诉他们的老师这些学生未来会更优秀、更有发展前途。8 个月后，他们又重返这所学校，结果发现，相比于其他同学，上次被随机抽取出来的所谓“更优秀、更有前途”的学生，不仅学习成绩有所提升，而且性格更开朗、更有魅力，求知欲更强了。正如皮格马利翁对少女像投入期望，少女像最终应验了他的期望一样，老师的期望传递给被期望的学生，并成功激励这些学生向着所期望的方向发生了变化。由此，罗森塔尔提出：“当我们热切地期望时，被我们所期望的人也会在潜移默化间达成我们所期望的要求。”这便是著名的皮格马利翁效应。

皮格马利翁效应在教育学领域应用广泛，强调家长和老师对孩子传递期望、进行鼓励教育的重要性。所谓“说你行，你就行；说你不行，你就不行”这条定律的关键之处在于，点明人们对于事情发展的期望，将对事情发展的走向产生相应的导向性影响。无论被期望的人是他人或者我们自身，这条定律同样适用。于是，当所有人都说这件事情将会出错，或者我们不断告诉自己事情将会出错时，实际都是在无意间对“出错”赋予了一份“期望”，且这份期望的强度越大，应验的可能性就越大。

在管理学中，早已有大量理论及实践印证，管理者对下属员工构筑积极的期望，能够激发员工自我期望的力量，有效提升员工的生产力和贡献力。同时，自我期望的力量甚至比他人的期望效应更为强大，更能激励下属员工自觉自愿地为提升绩效而努力。所以，一个好的管理者不是一味地以制度约束下属，或者以强权威慑下属，而是要适时地给予员工鼓励，并努力激发员工内心对工作的热爱与期望，提升员工“自动力”。相反，如果管理者对员工的期望值较低，或者员工对自己缺乏信任、对工作缺乏热情时，无论设置多么严苛的惩戒制度，还是会造成责任推诿、生产效率低下等一系列问题的发生。由此可见，不同的期望会造就不同的选择与行为，而不同的选择与行为又会带来不同的结果。

所谓“一切的成就，一切的财富，都始于一个意念”。我们时常忽略期望的力量，特别是自己内心深处的期望可以对现实世界的行为施加怎样的影响。这其实并不奇怪，因为这种内心深处的期望实际就是一种“心理暗示”。其虽然看起来是含蓄的、抽象的，虚无缥缈，难以控制，却常常扮演着领航人的角色，引领我们前往心之所向的地方。心理暗示的力量究竟有多强大呢？科学研究证明，一个人在自我暗示的作用下，甚至可以突然变得耳聋眼瞎。这种视听功能的丧失并非缘于神经受损，而是缘于心理暗示使得大脑管理视听觉区域的机能受到扰乱。

既然期望拥有这样强大的力量，我们就更应当对其怀抱谨慎的态度，思考这些期望是盲目的、恶意的，还是良善的、有推动作用的，建立自己的认知与判断。固然，我们无法完全屏蔽这种内心的声音，甚至无法不受到这些声音的影响。这些期望不同于一些成功文学所宣扬的“不要在意他人的看法”，事实上，我们也根本无法做到完全屏蔽他人的期望。毕竟所谓“自我观念”皆是在与他人交往的过程中形成的，从根源上看也都是来自于他人的看法，离不开他人的思想、态度与期待。对此，美国社会学家查尔斯·霍顿·库利曾进行过一个有趣的描述：“每个人都是另一个人的一面镜子，反映着另一个过路人。”我们会感受到他人对自己的看法，内心深处也会不时地涌现出各式各样的想法，但是我们应当对其持谨慎的态度，特别是那些可能对我们造成负面影响的期待。我们应当思考自己真正想要实现的目标，真正期待收获的结果，并以此为依据主导对自己的认知，把希望寄托在自己的身上，将安全感建立在自己身上，努力成为“我们自己”。

此外，有一个更好的消息是，既然期望真的能够塑造现实，心理暗示真的拥有如此强大的力量，我们为什么不能正视这种力量，以积极的心理暗示引领自己，驱散内心的恐惧与阴霾，将事物引向正面的发展方向呢？于是，当你再为登台演讲而紧张不安时，不要再设想那些可能出现的错误，不妨告诉自己：“只要认真准备，一定能够顺利登台完成演讲，一定能够赢得观众的满堂喝彩。”一个好的期望，再加上细致的准备，往往能够带来一个良好的结果。其中，好的期望是不可或缺的重要条件。

当你再次遭遇墨菲定律的时候，不妨思考一下，在事情尚未开始之前，你是否已经在不知不觉中，对失败的终局布下了期望。如果“认定出错，必定出错”，那么当我们认定结局成功，坚定信心，勇往直前，是否也一定能够到达胜利的彼岸呢？

沉锚效应：先入为主的陷阱

1974 年，希伯来大学心理学教授卡纳曼和特沃斯基进行了一个有趣的实验。实验要求实验者对非洲国家在联合国所占席位的百分比进行估计，他们可以通过旋转摆放在面前的罗盘，随机得到一个介于 0 至 100% 之间的数字，随后得知这个数字比所占席位百分比真实数字大还是小，进而得出自己对真实数字的最终预期。实验结果显示，实验者们对席位百分比真实数字的估计，无不受到了实验刚开始时罗盘所抽取的随机数字的影响。例如，两位分别抽取到 10% 和 65% 数字的实验者，最终对所占席位百分比真实数字的估计分别是 25% 和 45%。尽管实验者们知道一开始抽取的数字是完全随机的，与真实数字毫无联系，并且他们也对随机确定的数字进行了调整，但在估计真实数字时，依旧下意识地将自己的估计值锚定在随机数字的一定范围内。

由此，两位教授认为，人们在做决策前，思维往往会被自己获取的第一信息所左右，第一信息会像沉入海底的锚一样，深藏于意识的深处，将思维固定在某处，进而产生先入为主的歪曲认识。而锚点的存在又是如此的隐蔽，以至于大多数时候我们根本意识不到自己已经被埋入了锚点，错将自己在不知不觉中被各种先入为主的信息误导做出的决策，视为谨慎、独立思考的结果。这一揭露“先入为主认知陷阱”的定律，便是著名的“沉锚效应”。

依照沉锚效应，只要“锚”受到人们的关注，无论它看起来多么荒谬、与实际情况是否相关，其就像埋在人们心中的一粒种子，总会生根发芽。事实上，我们的大脑常常会依靠这些“锚”进行迅速的、单纯的直觉性思考，由此做出的判断更轻松、更快捷，但准确度却并不算高。不过，大多数时候，沉锚效应本身并不显著，其所造成的错误也可以被迅速纠正过来，但我们还是比想象中的更容易深陷沉锚的陷阱而不自知，固执地坚持错误的判断，进而造成严重的后果。

在销售学领域，沉锚效应是一个非常实用的工具。有一个经典的案例：在一家三明治小店中，有一位店员的销售额遥遥领先于众店员。老板好奇其中的秘密，通过仔细观察发现，销售额较高的这位店员面对顾客点餐时，不会问“需要加煎蛋吗？”而是选择直接提问“需要加几个煎蛋？”这名店员为顾客埋下了一个“要加煎蛋”的“锚”，将顾客的思考范围限定在了“需要几个煎蛋”上。此时，绝大多数顾客会回答“加一个”或者“加两个”，而完全忘记自己还拥有“不加煎蛋”的选项。相似的，商店销售衣服的吊牌上，往往会标注有建议零售价和实际零售价两个价格，通过建议零售价这个“锚”，让顾客感觉衣服的实际价格已经大打折扣。柜台货物摆放时，通常会在重点销售的商品旁，摆放一个价格相对较高，或者外形相对较差的同类商品作为“锚”，让顾客对拟重点销售的商品产生物美价廉的感觉。

这些销售学领域的沉锚效应，虽然的确会使我们在不知不觉间“受骗”，却也不会对我们的生活造成太大的困扰。但在更多时候，沉锚陷阱造成的损害，是十分巨大的。在人际交往中，我们会不自觉地根据见面的第一印象，对对方形成一个纯感性的判断，而这个判断会生成一个“锚”，构筑难以转变的刻板印象。在公共事件中，我们容易受到周边风言风语的左右，将谣言视为真相；当谣言成为心中的“锚”，无论后期释放出再多辟谣的讯息，披露再多驳斥谣言的证据，我们也容易对其置若罔闻。在信息获取中，我们很容易被媒体的攻势所误导，对于媒体选择大肆报道的事件，我们会在心中生成一个“锚”，将其发生的概率放大化，将其造成的影响严重化，并将其与自己的生活联系在一起，为可能的发生而忧心忡忡。不得不承认，很多时候，相比于客观存在的，我们更倾向于相信自己心中所认为的“真相”。当我们认定事情会出错时，纵使有再多通往正确方向的道路，再多转变错误可能的机遇，我们也往往会视而不见，任由错误如“预想”中那样发生。

那么，该如何避免沉锚效应的发生呢？思维锚定是一种正常的心理反应与思维方式。恰如哲学家叔本华所说：“阻碍人们发现真理的障碍，并非事物的虚幻假象，也不是人们推理能力的缺陷，而是人们此前积累的偏见。”人人都无法避免片面的认知。因此，要想彻底无视所接收信息对我们施加的影响，剔除“沉锚”的隐患，几乎是不可能的。不过，人脑的奇妙之处在于当其处理的信息越少时，对信息的分辨能力就越弱；相反，海量的信息能够刺激大脑高速运行，更容易判断出哪些信息是真正有价值的。所谓“兼听则明”，我们了解的信息越多，越有可能消减“沉锚”造成的影响，形成更客观、更全面的判断。

约拿情结：我们害怕失败，也害怕成功

约拿是《圣经·旧约》中描述的一位虔诚的教徒，他十分渴望获得神的差遣。终于有一天，神命约拿传神之旨意，赦免一座本应被罪行毁灭的城市——尼尼微城。这是一项崇高的使命，也是约拿长久以来所向往的。但当梦想即将成为现实的时刻，约拿却畏惧了，他想回避即将到来的成功，想推却突然降临的荣誉。美国心理学家马斯洛在《人性能达的境界》一书中引述了这一故事，并补充道：“我们害怕变成在最完美的时刻、最完善的条件下，以最大的勇气所能设想的样子。但同时我们又对这种可能极为推崇。”这一种渴望机遇、渴望成功，却又在机遇真正降临的时候退缩逃避的心理，被称为“约拿情结”。

约拿情结是一种复杂的心理现象，也是一种阻碍自我实现的心理障碍。畏惧失败，这是较为容易理解的，毕竟失败会导致我们蒙受损失。畏惧成功，这似乎很难理解，我们明明十分

渴望成功带给我们的收获。但却忘了成功的同时往往意味着付出相应的努力，背负相应的责任，还要承担可能失败的风险，而这一切令大多数人望而却步。于是，当成功的机遇来临，我们不仅不感到兴奋，反而被不安、焦虑与慌乱所萦绕。我们逃避成长，逃避可能的成功，拒绝承担伟大的使命，拒绝挑战更高的可能。

约拿情结阻碍了我们挑战自我，毕竟，没有尝试就没有失败，没有失败就没有损失。约拿情结发展到极致，甚至会产生“自毁情结”。当面临成功、荣誉、机遇时，首先涌上心头的是“我不行”“我不配”“我办不到”，这会使得我们难以施展出自己的真实能力。认定出错，拒绝成功，会让我们错失机遇，止步不前，并真正远离成功。

想要克服约拿情结，我们首先应当发现自己为何而恐惧。是受到周边环境对自己过低期望的影响？或是因为自己能力不足以承担起成功附带的责任？还是对于可能出现的失败过分焦虑？发现恐惧的原因，对症下药，才能战胜恐惧。当然，勇敢的思想和坚定的信念是治疗恐惧的天然药物，自信与勇气对于克服恐惧显然是有益无害的。当我们真正战胜恐惧，不再认定错误的发生，而是张开手臂迎接成功，我们也必将迎来成功的降临。

罗伯特定律：承认失败才是真正的失败

美国历史学家卡维特·罗伯特认为："没有任何人会因为一时的倒下或沮丧而失败，真正致使他们失败的，是一直倒下或消极。"在他眼中，一个人，只要自己不将自己打倒，就永远不会有任何人能够打倒你。只有承认失败的时候，失败才会真正来临。

认定出错，心灰意冷，听之任之，自暴自弃……透过"罗伯特定律"不难发现，事情出错的真正原因，往往不在于其出错的必然性，而在于我们过早地承认了失败，选择了放弃努力。而这种放弃，阻断了所有可能的转机之路，使事情在错误的方向上越走越远。人生之路不可能是一帆风顺的，总会遇到这样那样的挫折与挑战。当危机突然降临，当错误已然发生，我们是选择放弃抗争，认定失败已然来临，还是心存希望，多一份尝试呢？罗伯特定理告诉我们，乐观主义并非毫无用处，精神力是一种强大却时常被我们所忽视的力量。

在医学治疗中，有一种特殊的药品"安慰剂"。严格意义上讲，安慰剂并不能算是药，它的大小、颜色、重量，甚至味道和气味等物理特性都与实验药物基本相同，但并不含有实验药的有效成分。也就是说，这种“药”本身并没有任何治疗作用，只能起到替代和安慰的心理效果。但千百年来，无数医生都深知，“信念是人类已知的最古老的药物”。无数科学家们也通过各式各样的实验证明了安慰剂的效果——这种不含任何药物成分的“药”，在某些领域甚至能够起到与真正的药物治疗一样好的效果。这足以证明精神的力量并不是虚无缥缈的，相信的力量也绝非无稽之谈。

罗伯特定律强调，承认失败才是真正的失败。这并不意味着我们对失败的现实视而不见，进行自我麻痹与欺骗。我们固然应当正视已经发生的失败和酿就的错误，但不应将其视作无可改变的定局。认知错误是必要的，但认定错误是可怕的。我们正视错误，是为了从中剖析出错的原因，发现补救的措施，找寻预防的方法。我们不认定错误，是为了时刻保持自信，以十足的勇气应对已经发生的结果；保持希望，勇往直前，积极应对前方未知的挑战。

莎士比亚曾说：“假如我们将自己比作泥土，那就真要成为别人践踏的东西了。”你或许也曾有过这样的经历，面对一个困难重重的课题心生退意，因为遭遇的一点点失败灰心丧气。我们总认为，是这些困难、意外、挫折击败了我们，但很多时候，却是我们自己击败了自己。我们不够坚强，以至于受不住挑战带来的压力，轻易选择了投降；我们不够有韧性，以至于等不及可能的转机，过早自我裁定了终局。“顽强的毅力可以征服世界上任何一座高峰”，我们最强大的敌人不是黑天鹅般突如其来的灾难，而是我们自己那颗经受不住压力、无法应对变化的脆弱内心。

跳蚤效应：自我设限，自断成功之路

小小的跳蚤被认为是世界上跳得最高的动物之一，一只跳蚤正常起跳，可以跃至身高 100 多倍的高度。生物学家曾做过这样一项实验，他们将跳蚤随意向地上一抛，跳蚤轻松跃出 1 米的高度。而后，将跳蚤放入一个不足 1 米的瓶子中。跳蚤跃起后会撞到瓶盖，如此反复多次，跳蚤开始变得聪明起来，对自己跳跃的高度进行了调整，使自己不至于撞到瓶盖上。一段时间之后，生物学家们将瓶盖取下，却发现这只跳蚤已经无法跳出这个瓶子了。自我设限，限制了跳蚤弹跳的能力，使原本轻松的事情变得困难，原本不可能发生的失败，真真切切地变成了现实。

日常生活中，从不缺乏自我设限的案例，甚至有一些就发生在我们自己身上：我性格内向，不擅长讲话，在这么多人面前演讲，怕是会一句话都讲不出来吧；领导让我分管这个项目，我没有管理经验，一定会管不好的；这个课题太难了，隔壁小A这么优秀都没有攻克，我做这个，肯定会失败的。这么短时间完成这么大一个项目，肯定会出错……我不行、我害怕、不可能，懦弱、胆怯、犹豫、自卑，安于现状、害怕承担，人们都说对成功的渴求是与生俱来的，但其实，我们却常常习惯于自我设限。

我们渴求稳定，因此在发现一片能够安居其中的“舒适圈”后，便会放弃挑战，停滞不前。我们害怕失败，因此在面对可能的风险时会格外谨慎，宁可不去做，也要不出错。然而，我们常常忽视，人的潜力是无限的。正如英国作家柯林·威尔森所描绘的那样：“在我们的潜意识中，在靠近日常生活意识的表层地方，有一种‘过剩能量储存箱’，存放着准备使用的能量。就好像存放在银行个人账户中的钱一样，在我们需要的时候派上用场。”而潜力的挖掘不是安居于舒适圈内就能实现的，需要的是不停的探索，不断的前行。

不尝试，不挑战，我们永远无法知道自己的潜力究竟有多大。现代科学研究显示，大多数普通人只开发了自身全部能力的 10%，我们所呈现出的能力不过是冰山顶层的小小部分，更多隐而未觉的能力正等待我们去挖掘。若潜能不能被挖掘，我们所得到的不仅是自己所具备的能力没有得到施展的遗憾，不仅是碌碌无为、自暴自弃的消沉，那些原本显露在外的能力，也会因为缺乏磨砺而越发迟钝，原本构筑的舒适圈会不断缩小。特别是在这个飞速发展的时代，你以为自己只是在止步不前，实际却是在前行的大潮中步步后退。

不自我设限，首先应当发现和肯定自己的优势，相信自己是独一无二的，相信自己拥有巨大的潜能亟待挖掘，相信自己能够创造更加美好的未来。自信是一剂良药，即使是一个普通人也需要拿破仑的那份勇气——“在我的字典中，没有不可能”。同时，要敢于尝试。尝试的过程可能伴随着失败，可能面临许多困难，但出错并不可怕，我们正是在不断试错的过程当中，学会如何应对错误，学会如何创造成功。此外，要有规划，有想象力。著名企业家洛克菲勒曾这样嘱托自己的儿子：“在你现在的年龄，务必做好的事情，就是想好十年之后要从事怎样的工作。”无论现在处于怎样的环境当中，都不能丧失对未来的希望与想象力，所思所想未必能成为现实，但不思不想永远无法迎来现实的突破。

◇ 倒霉的事，一件接一件

身中“墨菲魔咒”的我们，或许也曾有过这样的体会：倒霉的事情，不仅终将发生，而且会一件接着一件地发生。所谓“屋漏偏逢连夜雨”。当我们感觉自己很是倒霉时，往往并非局限于一两件特定的事上，而是感觉自己仿佛被“霉运”缠身，无论做什么都遇到麻烦，甚至“喝凉水都塞牙”，生活一团糟，心情也低到谷底。人们常说“祸不单行”，现实体验也的确印证了这一点。那么，倒霉的事情，为什么总会一件接着一件地发生呢？

踢猫效应：坏情绪会传染

一位老板不小心误了接待一位重要客户的时间，非常生气，便将经理叫到办公室训斥了一番。经理无故遭受训斥，心里窝火，回到办公室后便对自己的秘书挑剔了一番。秘书被人挑剔，自然也是怒气冲冲，回家后便和自己的妻子大吵了一架。妻子受了委屈，看到在沙发上蹦蹦跳跳的孩子，便训斥了起来。孩子遭到训斥，也很恼火，便一脚踢到了自家猫身上。坏情绪是会像瘟疫一样，随着社会关系的链条不断传递，恶性循环，最终导致链条末端的无辜受害者们成为情绪宣泄的牺牲品，这便是心理学中著名的“踢猫效应”。

踢猫效应根源在于我们内心的恐惧和懦弱。当我们无法正常排解郁积在内心的负面情绪时，潜意识会驱使我们寻找一个“出气筒”，将情绪转嫁到他们身上。这些被转嫁的对象或者能力较弱无法还击，或者由于与我们关系亲密不愿还击，往往只能被动承担无故降临的怒火。不幸的是，伤害不会在他们身上终结，他们往往会选择寻找下一个“出气筒”，将负面情绪继续传递下去。更为糟糕的是，当我们将负面情绪转嫁到他人身上，所能换来的仅仅是心情片刻的缓解，这种效果并不长久，会不断地死灰复燃。由于我们伤害了更弱小或者最亲密的人，做出自己理智判断中并不正确的决策，也因此往往会感到自责。愤怒、悔恨、内疚等更多负面情绪接踵而来，坏情绪并没有被我们转移走，反而加深了程度，传播给了更多的人。

现代社会，竞争越来越激烈，工作与生活的压力越来越大，负面情绪越来越频繁地出现在我们周围。不过，生活中的踢猫效应未必如故事中那样夸张。更多的时候，我们会选择将负面情绪隐藏起来，自我压抑，忍气吞声。但随着时间的推移，当压力积累到一定程度，还是会如火山爆发般喷涌而出，身不由己地加入“踢猫”的队伍当中。踢猫效应的可怕之处在于，其并不能解决负面情绪产生的问题，甚至不能有效消解负面情绪本身，相反，会在将负面情绪传递给更多人的过程当中，将一个人的问题演变为多个人的问题。在不断地情绪传递过程当中，一件倒霉的事情会衍生出多件倒霉的事情，简单问题会变得复杂化。“踢猫”会使我们身处自我营造的负面情绪环境当中而不自知，我们难以通过传递的方式将负面情绪消解，更难以避免传递出去的负面情绪会再次传递回自己身上。因此，想要让负面情绪不发酵，就必须斩断踢猫效应的链条，将倒霉的事回归事情本身。

我们应当接受一个事实，那就是我们随时有可能成为那只被踢的猫。当我们遭遇挫折或痛苦，往往迫切希望找到背后的原因，但在这个充满不确定性的世界当中，许多倒霉事的发生并不是缘于我们做错了什么，而是随机降临在我们身上。接受了这个事实，我们便能以更加坦然的心态面对生活中的“无妄之灾”。不过，这也并非意味着我们在成为踢猫效应的受害者时，可采取放任、不作为的态度，将错误全盘推诿到他人身上。接受自己可能成为那只被踢的猫，根本目的在于帮助自己摆脱负面情绪的控制，将更多的精力投入到问题的解决上，而非情绪的宣泄上。事实上，即使你真的是那只蒙受“无妄之灾”被踢的猫，也并非什么都做不了，你可以尝试帮助踢猫的人解决他面临的问题，最不济也可以微笑着远离那个踢猫的人。

同时，我们应当警示自己不要成为那个踢猫的人。面对压力的时候，人们难免都会出现情绪失控的冲动，这使得学会自我调节、自我排解成为一项重要的技能。负面情绪害怕健康的身体和积极的大脑，运动、沟通、娱乐、睡眠……每个人都拥有自己调节情绪的方式，这些方式都好过简单的情绪转移。更为重要的是，我们要发现负面情绪背后真正的诱因，并斩草除根，对其进行真正意义上的消解与改善。例如，最近工作压力很大，或许是缘于自己的专业能力不足，或者效率不高，没有合理配置时间。考试遇到没复习到的题目，是由于复习的时候不够全面、不够认真。今天上班遭遇堵车迟到了，根源是自己没有早起预留出应对堵车的时间，没有提前规划一条更通畅的交通路线。情绪的产生不是空穴来风，情绪的消解也不能是无本之木。学会合理调节情绪，并找到负面情绪产生的根源，加以解决改善，是一个人真正迈向成熟和进步的表现。

晕轮效应：爱屋可能及乌

20 世纪 20 年代，美国心理学家爱德华 · 桑戴克提出著名的“晕轮效应”。他认为，人们对彼此的认知和判断，往往是从局部出发，扩散而得出整体印象的，也因此常常会犯下以偏概全的错误。人们会不自觉地将某一特性泛化为一系列相似的特性，从局部信息勾勒出一个完整的印象，依据少量认知得出全面的结论。简言之，当一个人被标记为好的，他就会被一种积极肯定的光环所笼罩，被赋予一切好的品质，而所有不足之处则被隐藏到光圈之后。这种个人主观判断的泛化现象，会使我们很容易步入爱屋及乌、自我欺骗的误区。

你是否也曾有过这样的体会，遇到一个冷漠的同事，你们成为搭档后，事情开始变得不顺利，他所做的所有事情似乎都是错的，你们之间也总有摩擦，和他一同工作的每一天似乎都霉运缠身。遇到一个讨厌的老板，你感觉他下达的每一项工作似乎都是在针对你，更为沮丧的是，自从遇到他之后，工作中的“意外”增多了，这个讨厌的老板不仅收走了你的快乐，也收走了你的幸运。然而，事实果真如此吗？一个“冷漠”的同事是否真的孤僻、古怪、无法相处，你们是否真的没有合作成功过任何一项工作，他是否真的毫无闪光之处？一个被你所讨厌的老板所下达的每一项指令是否都毫无可取之处，他的严苛是否真正阻碍了你平日正常的工作？退一步讲，即使这一切都真实存在，也没有人能够收走你的幸运。生活中的倒霉事并没有增多，是你的心态变了，变得更加关注这些倒霉事的发生，并将其自动归因于那个被你所讨厌的人身上，进而产生自他出现之后，倒霉的事情一件接一件的错觉。

正如歌德所说：“人们见到的，正是他们知道的。”从认知的角度看，晕轮效应在本质上是一种以偏概全的主观心理臆测。我们缺乏耐心，习惯于在看到事物的一小部分特征之后，便将其推演扩大至一个巨大的范围，产生全盘肯定或全盘否定的断言。我们擅长联想，很容易对人与事进行主观的情感判断，并对这种判断坚信不疑。正因如此，我们会感觉自己在某一时间段，在见到某人或投入某事之后，仿佛突然感染了霉运，事事不顺，处处艰难。这在理性处是断然无法找寻到答案的，因为大多时候，这些倒霉事并非真的一件接着一件地来临，甚至其中部分根本没有发生。但我们在主观上乐意相信它们发生了，并且与那个讨厌的人或事有着密切的联系。

自我说服相信霉运的存在，这听起来似乎是很荒谬的，但在很多时候，我们也的确是这样做的。很多时候，我们不再思考，放弃理性，转而选择一条更加轻松的路——将不顺与摩擦的出现，归因于自己难以改变的因素。例如，一个人的存在，一件事的出现，甚至某一个特定时刻的来临。我们甚至通过放大这种不顺，说服自己接受这种既不客观更不严谨的归因。很多时候，我们闭上双眼，放弃判断，将所有难事、错事、不快事都当作倒霉事，逃避这些不愿面对的事情的发生。很多时候，我们看到倒霉的事一件接一件，是因为我们愿意相信，一件件的事，皆是倒霉事。

习得性无助：失败也会成为一种习惯

美国心理学家塞利格曼曾做过这样一项著名的实验——他将狗关进笼子里，每当蜂鸣器响起时便对其进行电击，在电击的作用下，狗开始颤抖、呻吟，却因被关在笼子中，无处逃躲。多次实验之后，塞利格曼将笼子的门打开，拉响蜂鸣器，此时狗不仅不逃躲、不抗争，而且在并未遭受电击的情况下就发出了无助的哀鸣。它已经通过之前的无数次失败认识到了它的行为无法改变所遭受的一切，于是对自己的能力失去了信心。塞利格曼将这种通过重复的失败或惩罚学习形成的对现实无可奈何的行为及心理状态，称为“习得性无助”。

大家都认同“失败是成功之母”，却很少意识到，失败很可能成为失败之母，而习得性无助就强调了这一点。失败的教训会使人对未来可能的失败充满恐惧，抱持着“可能会失败”迎接下一次挑战，并因此难以在执行中付出百分之百的努力，失败的概率便大大加强。而“意料之中”的失败又会进一步加深内心的恐惧，使人更加相信不幸的发生是无法控制的，进一步削弱对生活的支配感。而随着自我支配感不断被削弱的，是无助感的强化以及“可能会失败”念头的深化。这也使得人们更善于收集对自己不利的负面信息，更加笃定失败的来临，并将原因归结于不可抗力，由此形成恶性循环。

习得性无助会使我们获得什么？最直接的，无助的感受会让我们感到对自己的生活失去了控制，陷入抑郁和焦虑，与他人脱离、与环境脱离，变得消极被动、不思进取。进一步的，无助感会使我们丧失追逐目标的勇气，遗失探索未知的兴趣，削弱成就动机，降低自我效能感。而研究表明，拥有更高自我效能感的人，做事更主动，更积极；而拥有更低自我效能感的人，做事更消极拖拉，更无法持续。于是，习得性无助能够真实降低我们成功完成事务的概率，提升负面“意外”发生的可能性。失败加深无助感，无助感降低自我效能，低自我效能酿成新的失败，如此循环往复。所以深陷习得性无助的恶性循环中，的确会使失败成为一种习惯，让倒霉的事情一件接一件地发生。

那么，应当如何走出习得性无助的恶性循环，重新将生活的主动权把握在自己手中呢？关键在于对失败的发生建立正确的认知。应保持积极的心态，直面失败的可能，不畏惧。同时，避免将失败盲目归因于“倒霉”等不可控因素，找到其发生背后真正的原因，及切实可行的解决路径。举一个简单的例子，你与外国友人进行商务谈判，结果翻译的专业水平很差，严重影响了谈判的效果。此时，如果抱持着“倒霉者”的态度怨天尤人，甚至因此产生恐惧心理，再也不愿出席类似的谈判场合，显然是不可取的。正确的态度是及时平稳心态，协调更换翻译。更长远的，不妨考虑自己提升外语水平，并制定切实可行的学习计划——每天背几个单词，听几篇新闻，看几篇文章。如此，依照计划步步落实，积累的是知识与技能，提升的是信心与自律，多方措施协力，足以帮助你平稳应对下一次的挑战。

马太效应：穷者越穷

1968 年，美国科学史研究者罗伯特·莫顿提出这样一种社会心理现象：“相对于那些不知名的研究者，声名显赫的科学家通常得到更多的声望，即使他们的成就是相似的。同样，在一个项目上，声誉通常会给予那些已经出名的研究者，奖项几乎总是授予那些最资深的研究者，即使所有工作都是一个不知名的研究生完成的。”罗伯特·莫顿更进一步概括说，“任何个体、群体或地区，在某一方面（如金钱、名誉、地位等）获得成功和进步，就会产生一种积累优势，进而有更多的机会取得更大的成功和进步。”相反，劣势也会积累叠加，不断扩大。正如圣经《新约·马太福音》中一则寓言所描绘的那样，“凡有的，还要加倍给他叫他多余；没有的，连他所有的也要夺过来”。强者越强，弱者越弱；幸运的人会越来越幸运，倒霉的人会越来越倒霉，这就是著名的“马太效应”。

马太效应之所以会发生，很大程度上缘于事物之间存在着普遍的联系。一点幸运，会带来更多幸运；一次倒霉，可能催生一连串的倒霉。举一个简单的例子，第一份工作对于每个人来说都是至关重要的。调查数据显示，有多达70%以上的人长达数十年的职业方向与第一份工作密切相关。可以毫不夸张地说，第一份工作很大程度上决定了一生的工作。大学毕业刚刚踏入社会，懵懵懂懂，对自己的优势劣势、工作方向都缺乏判断。此时，糊里糊涂踏进一个自己排斥的行业，进入一家发展前景堪忧的公司，可能是缘于一次“倒霉”的决策失误。但这次倒霉的经历会迫使你不得不面临下一个决策，是否要选择辞职再择业。而企业在面临一名社招生时，已经具有与校招生完全不同的标准，你的平台、工作经历、工作绩效，将影响企业对你的判断。如果第一份工作是一个你所排斥的行业，第二份工作你将有两种选择：一是依旧留在这个行业，二是进入另一个行业却获得相对较低的待遇，因为企业对于没有相似行业工作经验的你，显然是缺乏信任的。当第一份工作是一家较差的公司，第二份工作极有可能依旧进入一家水平一般的公司。因为第一份工作没有给予你良好的成长平台，这使你在同类竞争者中处于劣势。同时，第一份工作使你无法拿出一份亮眼的成绩单，使你难以收获名企、大厂的青睐。

相似的，朋友多的人更容易认识新的朋友，交际圈会越来越大；朋友少的人社交圈越来越小，最后甚至走向自我封闭。成绩好的学生往往能够受到学校的更多关注，学校会拿出更多资源用于他们的培养，他们也会更加优秀；成绩差的学生更容易被学校忽视，很可能表现越来越差。如此，幸运儿们往往拥有更多提升自我的机会，进而更容易获得成功；而成功的经历会为他们带来更多自信，这种自信会反过来帮助他们更容易吸引更多优势资源。如此，形成一种良性循环的局面。反之，占据更少、更劣质资源的倒霉蛋们，拥有更少的机会，面临更加惨烈的竞争，更容易失败，也更容易自卑；而自卑又会反过来作用于资源的获取，使他们更难获取优质资源，深陷恶性循环的迷局。无论良性循环还是恶性循环，马太效应强调，优势或者劣势都有可能像滚雪球一样自我强化，自我增值。它警示我们，在很多时候，选择比努力更重要。而试问，如果多做准备、谨慎选择，就可以有效避免后面一连串倒霉事的发生，又何乐而不为呢？

从心理学的角度看，倒霉的事情接踵而至，其中不乏心态作祟。相信大家都有这样的经历，当倒霉事发生时，会感觉自已的生活节奏被完全打乱了，整个人变得烦躁、易怒、敏感，注意力会完全被倒霉事所吸引，让你无法全身心投入到正常的工作和生活中。更为可怕的是，在情绪的作用下，你甚至会主动搜集与倒霉事相关的各方面信息，从而在无意识中吸引相同频率的事情发生，甚至会将无关的事情归因于“倒霉”之上。于是，幸运能够吸引幸运，麻烦也会吸引麻烦。旧的麻烦还未处理完毕，新的麻烦就已经发生，一场情绪酿就的灾难已经在所难免。

俗话说“福无双至，祸不单行”。其实“福”或“祸”连续发生的概率本身都并不算高，我们之所以会感受到倒霉的事情一件接一件地发生，是因为在倒霉事发生后，负面心态诱使我们更容易犯下一些平日绝不会犯下的“低级错误”。而低级错误造成的后果往往十分严重，其不仅将事情引向更加糟糕的方向，更会对你的自信心造成打击。当倒霉的事情一件接一件地发生，你难免会感到灰心、失望，甚至陷入自我怀疑。而这也使得你不得不耗费更多的时间与精力，用于与负面情绪以及其诱发的一系列新麻烦做斗争，这也使得你近乎完全偏离了解决最初倒霉事的方向，彻底陷入“祸不单行”的死循环。

由此看来，想要走出“祸不单行”的循环，至关重要的一点在于保持一颗平常心。当倒霉事发生时，不要轻易陷入愤怒、懊恼的心态当中，应当明白，连续碰上倒霉事的概率本身是微乎其微的，更多的时候是自己遇到倒霉事之后的错误行动导致了新的倒霉事的发生。正如墨菲定律告诉我们的那样，人很容易犯错，特别是在处于不利状态的情况下，冲动的心态更容易引发新的祸事。错误已然发生，负面的心态不仅无法改变既成的事实，更可能造就一个更糟糕的未来。此时，我们唯一能做的就是让自己冷静下来，努力不犯错。在接下来的行动中不犯错，就是对过去已发生的错误最好的补救。

蝴蝶效应：小蝴蝶可以引发大风暴

“一只南美洲亚马孙河流域热带雨林中的蝴蝶，偶尔扇动几下翅膀，可以在两周以后引起美国得克萨斯州的一场龙卷风。”美国气象学家爱德华·罗伦兹发现，在大气运动的过程当中，即使各种误差和不确定性很小，也有可能在过程中将结果积累起来，经过逐级放大，形成巨大的大气运动。于是，即使是像蝴蝶扇动翅膀这样微小的运动，也足以导致其身边的空气系统发生变化，产生微弱的气流。而这种微弱的气流又会引起四周空气或其他系统产生相应的变化，由此引起连锁反应，最终导致其他系统的极大变化。爱德华·罗伦兹将这一发现称为混沌学，当然其拥有一个更为大众所熟知的名字——“蝴蝶效应”。

蝴蝶效应说明，误差会以指数形式不断增长。在这种情况下，即使是一个微小的误差，随着事件进程不断推移，也足以造成巨大的后果。一件倒霉事的发生，在连锁反应的作用下，足以引发系统性的灾难。

三株药业集团是一家创立于 1993 年的公司，公司研制和鉴定的“三株口服液”一经推出便大获成功。这也让三株药业在创立短短三年间迅速成长为一家横跨数十省，拥有 600 多家子公司，2000 多个办事处，15 万员工的大型集团化公司。然而，一场飞来横祸却将这家企业推入了低谷。1996 年，一位曾服用三株口服液的陈姓老伯病故。陈老伯病故时已是 77 岁高龄，被诊断患有冠心病、心衰、肥大性脊柱炎、肺部感染等多种疾病，且先后两次因心悸住院，甚至被下病危通知单。但老伯的家人认为其死亡与服用三株口服液有直接关系，在向公司索赔未果的情况下，一纸诉状将三株公司告上法庭。随之而来的是三株公司的一审败诉，以及媒体“八瓶三株口服液喝死一个老汉”的炒作。对于三株公司，倒霉的事情一件接一件地发生。尽管法院最终判定三株集团胜诉，但造成的负面影响却几乎是无可挽回的。三株产品的社会形象一落千丈，销售额从七十多亿一下子跌倒十来亿，退货单像雪片般飞来，员工锐减13万，直接损失达到40多亿元。一个不知真假的“致死”案，对一个偌大的企业造成了致命性的打击。

陈老伯之死与服用三株口服液之间究竟存在多大程度的关联，我们不得而知。但可以肯定的是，三株集团在面对这个“倒霉”的个案爆发时，并没有引起相当的重视，也没有进行有力的危机应对措施，更没有应对危机大面积爆发的准备。最终导致一个微小的个案在近乎毫无阻力的情况下，演变为一场重大的公共危机。危机的发生是有惯性的，是可以自我生长的，是能够彼此吸引的。放任危机绝不会使其自生自灭，只会让小危机一步一步发酵为大危机。

蝴蝶效应告诉我们，小蝴蝶可以引发大风暴。在一个相互关联的系统中，一个微小的初始能量就足以造就一连串的连锁反应。且这种连锁反应不仅体现在事物的自我强化上，更有可能如多米诺骨牌一样，第一块骨牌推倒第二块骨牌，第二块骨牌推倒第三块骨牌，如此层层传递，酿成巨大的灾难。未熄灭的烟头掉落的一颗火星引燃了一棵小草，这或许只是一场不幸的意外。但一棵小草引燃第二棵小草，引燃一片草地，烧掉一棵小树，乃至烧毁整片森林，就是一场巨大的灾难了。有时倒霉的事情一件接一件地发生，不是意外使然，而是有一个或许并不起眼的初始力量在暗中作祟。此时，若将一切依旧归结于偶然事件的集中爆发，显然是自欺欺人的。想要斩断后续倒霉事的持续发生，寄希望于幸运的降临或许并不现实，更为理性的做法是回到一切发生的原点，在萌芽时解决倒霉事的发生，从根源上斩断倒霉事的蔓延，将损失降至最低点。

◇ 难以割舍，就会失去更多

当你购买了一张电影票，电影看到近一半时便感觉索然无味，你会选择宁愿让自己备感煎熬也要继续看下去，还是会选择立刻离开电影院？当你参与一场赌局，并幸运地小赚一笔之后，是会选择怀揣着更大的期望继续赌下去，还是及时收手，点到为止？

及时止损、及时止盈，是我们每个人都熟知的道理。但在现实生活中，当蒙受损失时，我们往往为前期投入付诸东流而心有不甘，选择寄期望于未来可能的转机。毕竟，既然已经损失这么多了，物极必反，一定会迎来大翻盘。而当我们小有收获时，往往又会对已获取的轻描淡写，选择对未来更大的收获盲目乐观。毕竟，既然如此轻易便有所收获，稍加努力，未来一定会有更大的收获。然而，墨菲定律一次次地教育我们，错误总会发生。难以割舍，必将失去更多。

控制错觉定律：我们总会“自信地犯错”

新行为主义心理学的创始人之一斯金纳曾做过这样一个实验，他将一只禁食24小时的小白鼠放入他专门设计的“斯金纳箱”中，这种箱子构造特殊，可以排除一切外部刺激，动物可在箱内自由活动。在箱壁的一边有一个可供按压的按钮，按钮连接的食物释放器可以自动释放食物到箱子下方的盘子中。在第一个实验中，斯金纳将按钮设置为每次按下都会掉落食物，小白鼠很快掌握了这一规律，学会了通过按下按钮获取食物。在第二个实验中，斯金纳将按钮设置为间隔1分钟按下可掉落食物，小白鼠一开始会不停地按按钮，但一段时间之后便掌握了这一规律，学会了间隔按钮。在第三个实验中，斯金纳将按钮设置为多次按压随机掉落食物，小白鼠学会了不停地按按钮。但由于食物的下落是完全随机的，小白鼠并不能直观地判断出食物下落的规律，只能一直不停地按键。更为有趣的是，小白鼠还养成了一些奇怪的行为习惯，比如在按键之前转圈、作揖、撞箱子等。这是因为在食物掉落之前，小白鼠正好在进行这些行为，于是产生了“迷信”。

很显然，实验中的小白鼠形成了一种“控制错觉”。它试图在第三个实验中找到像前两个实验中那样的投食规律。而更加有趣的是，它的确在一个完全依靠偶然性支配的实验中找到了规律。当然这些规律没有任何逻辑上的依据，只是一种错觉，甚至在洞察这一实验运行规则本质的我们眼中是十分可笑的。然而，生活中我们表现得并没有比实验中的小白鼠好太多。

心理学家们曾做过这样一个实验：他们邀请被试者们玩一个掷骰子赌输赢的游戏，并要求大家在掷骰子前后分别下注。结果发现，大多数的被试者在掷骰子之前下的赌注更大。出现这样的情况，是因为大多数人认为，只要骰子尚未掷出，他们就拥有努力掷出更高点数获得胜利的可能性。

与小白鼠相似，掷骰子的人也拥有各式各样“迷信”的举动。有的人相信右手掷出会比左手掷出发挥更好，有的人认为中午掷出的点数最高，有的人会在掷骰子时默念“666”，有的人会用手用力捏骰子……和实验中的小白鼠一样，人们坚信即使是面对完全随机的事件，也可以通过某种形式的努力让自己掌握主动权。

从客观上讲，像掷骰子这样的偶然事件是受概率支配，不以人的意志为转移的。认为骰子可以通过努力依靠人的意志转动，无疑是十分荒谬的。但我们还是乐意相信这一点，并在潜意识中坚信自己越努力越容易如愿以偿。心理学家雷·海曼讨论了人们喜欢解释偶然事件，喜爱在没有模式的地方寻找模式的倾向："我们不得不运用自己原有的知识和期望以获得对世界万物的理解。在大多数情境中，这种对于知识背景和记忆的运用能够让我们正确地阐释一些主张，并对此提供必要的推论。但这一强有力的机制，在那些原本没有承载任何信息的情境中，会偏离正轨。那些本是能够轻而易举识别出来的随机性噪音，我们却会不懈地从中寻找意义。"于是，我们在原本没有规律的地方看到了规律，并将其视作真理，控制错觉定律让我们总是会"自信地犯错"。

这就不难理解，为什么赌徒们能够不惜倾家荡产也要沉浸在赌博游戏中了。尽管他们已经赌输了那么多局，依旧相信自己通过不断的努力、试错，已经摸索出了其中的一些规律。他们相信这些规律是正确的。这也难怪一些教人如何"征服"博彩的伪科学书籍总能大行其道。

人们总是放大自己对事物的控制能力，甚至不惜为此臆造一些并不存在的联系与规律。研究证明，当人们在头脑中预设两个事件彼此关联的时候，就会认为自己频繁地看到了两者同时发生的现象。即使当这事件同时出现的概率，并不比任何其他两个事件同时发生的频率更高时也是如此。甚至，人们完全能够在两个根本毫无关系的事件中发现联系，并在明显反例出现时，依旧能够自圆其说。

也正因如此，我们会被规则牵制，犯下一些明显的错误而不自知。我们有一些不切实际的期望，会在应当及时止盈或者止损的时候无法做出决策。我们自我欺骗“一切尽在掌握中”，实际只是为了满足心中“希望得到更多”的贪念。事实上，在这个充满偶然的世界里，我们并无可能控制一切，甚至难以控制自己抛弃“控制错觉”，拥抱真实。

钟摆效应：乐极也会生悲

你是否也曾有过这样的经历——和朋友出门聚会，聚会现场热热闹闹、开开心心，你参与其中本是开心的，却不知为什么心底突然涌现出一种空虚、孤寂，顿时感觉异常悲伤？心理学家认为，人的情绪就像钟摆一样，总是在正面情绪与负面情绪之间来回摆荡。并且，在特定环境的心理活动过程当中，感情的等级越高，呈现的“心理斜坡”就越大。通俗来讲，就是如果你此刻感到异常兴奋，那就意味着情绪很可能在下一刻向着相反的方向迅速转化，致使你在突然之间由异常兴奋转变为异常悲伤。这便是著名的“钟摆效应”。

情绪的起起伏伏是一种十分正常的现象，我们的心理本就有着十分明显的两极性：喜与悲、爱与恨、肯定与否定、积极与消极……何况极端情绪是异常脆弱的，极容易向相反的方向转化。我们都讨厌负面情绪，希望自己时时被积极情绪所环绕，但这显然是不现实的。一方面，人生不如意事十之八九。在现实生活中，我们难免会遇到一些可怕的不幸、意外的灾难，这些往往是我们无法选择，甚至无法预测、不可避免的。另一方面，依据钟摆效应的原理，当一个人在某种情绪上降低了反应强度时，他在所有其他情绪的感受上也会相应地减弱。恰如打了麻药的病人不是丧失了痛觉，而是丧失了全部的感觉一样，当人们刻意麻痹自己对负面情绪的感受时，也会感受不到正面情绪。如此，固然不必承受负面情绪带来的伤害，却也丧失了积极情绪带来的动力。

对于积极情绪，我们通常是难以割舍的，因为其看起来不仅无害，而且使我们沉醉其中。但当我们真正沉溺于极度的喜悦之中时，往往会丧失最基本的警惕与判断，变得更冲动、更盲目，也更容易犯错误。所谓“乐极生悲”便是这样一个道理。

乐极生悲的典故出自《史记·滑稽列传》。战国时期，齐威王酷爱饮酒，常常彻夜饮酒没有节制。一日，齐威王宴请大臣淳于髡喝酒。喝到兴头处，威王问淳于髡：“先生喝多少酒会醉啊？”淳于髡回答：“喝一斗酒也会醉，喝一石酒也会醉。”齐威王感到非常奇怪。淳于髡解释说：“酒喝多了就会乱了礼法，人太快乐了就会发生悲伤的事，任何事情只要超过一定限度，就会走向反面。”时间跨入21世纪，当代人依旧被乐极生悲典故中发生的故事所困扰。假日之中，亲友聚餐、出游本是开心的事情，却也造成一系列乐极生悲的“节日病”。暴饮、暴食、暴玩，往往造成体力透支、胃肠功能紊乱。冲动消费满足了一时的欢愉，却为日后的生活增添了沉重的负担。更不用说过度兴奋本身导致的焦虑、急躁、冲动症状，甚至出现情绪衰竭、脑力下降、萎靡不振、神经衰弱的情况。由此可见，“极乐”的情绪所带来的往往并非快乐，反而容易引发自我放纵、盲目乐观，丢失了谨慎与反省，进而导致悲剧的发生。

想要避免乐极生悲，就要努力成为情绪的主人。当我们因为收获的一点点成功而忘乎所以时，当我们身处顺境昂扬乐观时，更要告诫自己保持清醒的头脑，不要沉溺于欢乐之中，而应当将注意力更多地转移到从事的事情上。心理学研究证明，拥有“既乐观，又现实”心态的人，更容易达成目标。一味地乐观可能使人们身心愉悦，却并非真正有益。相比于纯粹的“乐天派”或者悲观的“现实主义者”，对愿望的实现抱有乐观，同时花费更多时间用于考虑愿望实现所可能面临的现实障碍的人，更容易将愿望转化为现实。毕竟，当愿望不切实际时，我们更容易在评估后选择放弃；只有当目标可能被实现，尤其当存在切实可行的实现路径时，目标的存在才能真正激励我们不断前行。

沉没成本效应：“有失”才会“有得”

美国明尼苏达大学神经科学博士布里安·斯维斯及团队曾设计过一个名为“餐厅探险”的有趣实验。他们设置了一个拥有四间“鼠食餐厅”的迷宫，四间餐厅分别能为小白鼠提供它们喜爱的葡萄、酸奶、巧克力、香蕉。每间餐厅都被分隔为“进餐区”和“候餐区”两部分。进餐区负责为老鼠提供食物，但每次所提供的食物并不足以填饱小白鼠饥饿的肚子，想要继续进食，必须前往候餐区等候一段时间。当然，小白鼠也可以选择放弃等待，转而前往另一间餐厅觅食。实验一共为小白鼠提供了 30 分钟的觅食时间。显然，在候餐区等候的时间就要成为它们的“沉没成本”了，是选择继续等待，还是果断前往下一家餐厅，是小白鼠们不得不面临的抉择。而实验结果证明，小白鼠们在候餐区等候的时间越长，选择继续原地等待下去的意愿就会越强烈，越不愿意选择离开候餐区前往下一家餐厅。即使是一只小白鼠，也不愿牺牲自己的沉没成本。

那么，什么是沉没成本呢？沉没成本就是指那些由于过去的决策已经发生的，且无法因现在乃至此后任何决策而可能收回的支出，像付出的时间、金钱、精力等。

所谓“覆水难收”，沉没成本一旦发生，无法恢复，常令我们陷入持之不甘、弃之可惜的两难境地。于是，当我们感到自己正从事的工作不是自己所适合的工作时，想想自己虽然不喜欢目前的工作，工作多年也没有太大成绩，但毕竟已经在这一领域摸爬滚打多年，不如就这样将就着做下去。当你听说城西有一家店的服装物美价廉，住在城东的你千里迢迢赶到城西，却发现这是一条假消息，这家店的衣服不仅贵而且不好看时，那么你会怎么办呢？两手空空返回城东，总感觉自己白跑一趟，你最终的选择八成会是购买这些既昂贵又不喜欢的衣服。

尽管经验告诉我们，要根据事物未来的价值来做出理性选择。但事实上，过往实践累积的投入会大大影响最终的选择：倾注越多，放手越难。生活中，我们常常会沉溺于过往的付出当中，难以割舍，难以放手，最终选择了非理性的行为方式，甚至即使为其付出更大的代价也在所不惜。

那么，为什么会存在沉没成本效应？根本上源于人们内心对损失的憎恶。当你遭受了一项损失之后，这项损失会萦绕在你的脑海中，许久不会消散，并且每次你回想起它，沉重的程度就会增加一分。美国俄亥俄州立大学心理系教授霍尔·亚科斯与英国利物浦大学教授卡特琳·布拉默曾合作过这样一项实验，他们为参与实验的人提出了两项旅游方案：一项是价值 100 美金的一场不错的旅程以及一项价值 50 美金的绝佳旅程。参与实验的人们需要在这两项方案中选择一项，而实验负责人会为这趟旅行全程买单。结果，有相当比重的人选择了价值 100 美金的不错旅程，因为尽管它没有那场绝佳旅程那样有趣，但价值更高，不选择它就意味着遭受更大的损失。通过这个实验可见，人们对损失的憎恶，甚至达到了一种荒谬的程度。

心理学家丹尼尔·卡尼曼和埃姆斯·特维尔斯基研究证明，人们在心中对于损失和收益是存在一个明确的参照点的。人们会依据参照点来评估自己的损失和收益，并最终得出结论，这是个收益的结果还是亏损的结果。和收益的喜悦相比，损失对人们的刺激要更多一倍。当面对已经发生的损失时，对既有损失的挽回相比损失程度的进一步增加，会对人的心理产生更大程度的刺激。这就解释了当投资失败，看着钱财离你远去，会比投资成功收获收益更加刻骨铭心。但当你得知继续追加投资便有可能收回成本弥补损失时，你会无视追加投资可能产生的更大损失，而宁愿冒险追加投资。

卡尼曼和特维尔斯基还做了另一项实验。他们向参与实验的人提出了这样一个问题：“如果你要去看一场10美元的电影，结果你发现自己的钱包里丢了10美元，那么你会不会选择再花10美元购买一张电影票去看电影？”在实验中，有12%的人选择不会。卡尼曼和特维尔斯基更换了情景描述，提出了一个全新的问题：“如果你要去看一场10美元的电影，结果你发现自己把一张之前买好的电影票弄丢了，那么你会不会选择再花10美元购买一张电影票去看电影？”此时，有54%的人选择不会重新买票。前后两种情景的区别在于，在后一种情境中，丢失的 10 美元被额外赋予了“看电影”的用途，相当于为其创建了一个心理账户，此时遭受的损失相较于第一种情境中未建立心理账户的“无主”10 美元会更令人心痛。

如果你知道自己将失去某样事物，特别当你为这件事物在内心开了一个账号，赋予某些特别的含义时，这种损失会令你倍感痛苦。为消解这种痛苦，你不惜去做出一些极其荒谬的决策。即使当这些损失已是沉没成本，你依旧不愿让自己的付出白白浪费，并试图证明自己的选择是明智且正确的。于是，你不愿割舍这些已经“沉没”的成本，而是选择维持现状。此时，这种所谓“坚持”并非真正的坚持，而是一种对损失的畏惧表现，甚至很多时候越是选择坚持，造成的损失就越大。在已成定局的错误身上，多停留一秒，就意味着多浪费一秒。在错误的路上，即使是停止也意味着前行。

面对沉没成本，理性的做法是少关注那些已经发生的、不可挽回的损失，而把目光放在此时此刻以及未来的获益上，多根据当下的反馈和未来的预期做出更加理性的决策。正如日本杂物管理咨询师山下英子在《断舍离》一书中所写的：“不管东西多么昂贵，多么稀有，能够按照自己是否需要来判断的人才够强大。”对于沉没成本，无论之前为此投入多少的时间、精力，都应当果断决断，勇于舍弃，及时止损，而将更多的时间花费到更长远的决策当中。

第四章

墨菲定律与心理错觉

当人们在拥堵路段上开车时，总是会感觉自己的车道是最慢的。然而，加拿大多伦多大学的研究人员早在1999年就证明，这只是一种“虚幻关联”的错觉，变更车道并不会帮助你更快到达目的地，只会增加交通事故的风险。并且，无论你如何变换车道，始终会感觉自己所在的车道是速度最慢的。产生这一错觉的原因来自两个方面：一方面，人们总希望自己的车速比其他车道的车速更快，因而会特别关注那些超越自己的汽车，忽视那些被自己超过的车，因而产生一种自己被很多车辆超越的错觉；另一方面，开车的人更多地会在自己的车道被堵停时观察其他的车道，忽视那些别的车道被堵停的情况，因此产生周边车道都比自己所在的车道要通畅的错觉。

相对于快乐的瞬间，你是不是会更多地记起那些不好的事情呢？美国《华盛顿邮报》对读者的匿名调查证明了这一点。当读者被问及最令人印象深刻的记忆是什么时，大多数人所描绘的是与创伤相关的时刻。相比于积极的体验，人类更倾向于记住那些消极的体验，斯坦福大学心理学教授卡斯滕森认为，这是一种进化过程中产生的本能，与我们的生存意识密切相关。“为了生存，更重要的是要注意灌木丛中的狮子，而不是欣赏田野里的花朵。”于是，人脑对于消极的瞬间印象更加深刻，本质上是一种帮助我们免受重大伤害的保护机制。

从这一角度看，墨菲定律“坏事总会发生”的表述之所以能够受到人们的广泛认同，或许并不是由于小概率的坏事真的如此频繁地发生，而是由于其发生足够令人印象深刻。而当墨菲定律未能生效的时候，鲜少有人特别重视“好事”或者“一般的事”是否也在频繁地发生，而这些被我们所忽视的“沉默的数据”，或许才是占据我们生命更大比重的部分。这无疑是个好消息，墨菲定律或许很糟糕，但好在它鲜少会真正发生。而一个更好的消息是，它即使真正发生，也远没有想象中那样可怕，不过是我们的自我防御机制为它加上了厚厚的滤镜，使其表现得狰狞而令人印象深刻。

◇ 聪明人也会做傻事

我们时常会认为，错误的发生根源在于我们的愚蠢，并为此自责不已。试想，如果我们的智力比现在提升一倍，是否意味着犯错的可能性会相应减少一半呢？遗憾的是，事实并非如此。认知心理学家乔纳森·巴伦曾进行过一次著名的思想实验，如果我们服用了一颗能够瞬间提升心智的药丸，接下来会做什么呢？研究结果证明，大多数人依旧会继续重复昨天所做的事情，只不过效率更高。于是，一个看似荒谬的结论横空出世："如果一个人能够拥有两个大脑，会收获双倍的愚蠢。"看来，变得聪明不仅不能使我们不犯错，甚至可能会帮助我们"更好地犯错"。

人人都是认知吝啬鬼

纵使是在思考问题的时候，我们的大脑对于认知资源的分配和使用依旧是极其吝啬的。当面临消耗功率高、占用资源大，但能准确解决大量问题以及功率低、占用资源少，但处理问题的准确度难以得到保障的这两种信息处理机制时，我们的大脑会毫不犹豫地选择低耗能的模式，纵使其可能会以牺牲决策准确性为代价。大卫·赫尔在《科学与选择：生物进化与科学哲学论文集》中这样形容我们的大脑："能不用，就不用，该用脑时也不用。"正是由于大脑喜爱"走捷径"的特征，使人人都成为"认知吝啬鬼"，即使再聪明的人也不例外。

每个人都会犯错，这与我们的认知局限是密切相关的。人的短时记忆普遍遵循"7 ± 2"定律，即人能够在短时间内存储最多 9 个单元的记忆，再多的话就会发生遗忘或者记忆错构，因此，我们认知事物的能力是有限的。同时，我们的大脑偏爱"走捷径"，又容易受到情绪的影响，是"有限精密"的，只能保证在维持心跳、呼吸等与人类生存繁衍密切相关的基础功能上不出错，而当面临理性、逻辑的工作时，难免会犯下"认知吝啬"的错误。

认知吝啬使得我们倾向于寻找最显而易见的信息，倾向于依据最简单的信息做出决策，而不愿意进行稍显复杂但更能得出正确答案的完全解析推理。如果你对这一点结论心存疑惑，那么不妨回答这样一道简单的数学问题：球与球拍总价 1.1 元，球拍比球贵 1 元，那么球的价格是多少？相信你的脑海中不假思索地产生的第一个答案，一定是 1.1–1，得出 0.1 元。在思考的过程中，我们会更倾向于将一切问题简单化，这样不仅耗能更小，而且更有效率。我们会忽略部分信息，以减少分析的负担；会不加思索地采信表面信息，接受单方面信息，而不去探寻更多的可能的信息；甚至于，我们会乐意接受一个并不完美的选择。

认知吝啬所带来的直接后果是可能的错误与偏差，会以多种不同的方式，根植于我们的大脑之中。例如，我们会坚信当一枚硬币连续五次抛出后都是正面向上，第六次一定会是反面向上，这是一种“赌徒谬误”。当我们确定一种观点后，会专注寻找那些能够印证我们观点的证据，并对那些不利的证据视而不见，这是一种“证实偏误”。当即将开启一项任务时，我们往往会低估任务可能花费的时间、金钱成本，这是一种“乐观偏差”。当我们免费获得一张并没有太喜爱的电影票时并不会十分高兴，但当这张票意外丢失时，却依旧会感到十分心痛，这是一种“禀赋效应”。纵然飞机事故发生的概率远低于地面交通事故发生的概率，但新闻报道以及我们的记忆与想象中，空难发生的场面要更震撼，这也使得我们常常误认为乘飞机要比乘车更加危险。这是一种“易得性偏差”。由此可见，由于认知吝啬所引发的一系列错误与偏差，是何其广泛地存在于我们的日常生活中的。

那么，我们应如何避免落入这些错误与偏差的陷阱呢？丹尼尔·卡尼曼直言：“关于认知错觉最常被问到的问题是，我们能否克服它们。我只能说……情况不容乐观。”卡尼曼利用穆勒－莱尔错觉对思维错觉进行了简单的类比。所谓穆勒－莱尔错觉，是指将两条长度相同的短线两端标注箭头，一条箭头向外指，一条箭头向内指。尽管理智告诉我们两条线条长度相同，但肉眼依旧判断箭头向外的那条线条长度更长。如果说这种视觉偏差可以通过测量的方式进行纠正，想要纠正思维的偏见就没有那么简单了。丹尼尔·卡尼曼在自己的书中写道：“我们都希望拥有一台警钟，每当我们要酿成大祸时它就响个不停，然而并买不到这样的钟。”

如果说有什么力量能够战胜认知的偏见，就是学会运用“局外人视角”。研究证明，人在解决自身所处领域的边缘问题时，效果最好。相对于深陷其中的局内人，置身事外的局外人反而更容易保持清醒的头脑，应用理性的力量发现局内人无法察觉的错误。所谓“当局者迷，旁观者清”，便是这样的道理。美国哥伦比亚大学的研究者们曾经做过这样一个实验，他们让被试者分别用第一人称和第三人称描述一段自己的经历，结果发现，相比于用第一人称回忆那段不好的记忆，第三人称的描述方式更少受到非理性情绪的控制，更清晰，更不易令人感到不适。研究者认为，用第三人称叙述自己的经历可以有效与自己拉开距离，使自己重新审视过去的那段经历，将更多的注意力集中于事情本身，而不会深陷情绪之中不能自拔。于是，想要战胜认知的偏见，不妨尝试跳出自己身处的环境与立场，克制归因的冲动，抛开局限，开阔眼界，从不同的角度去思考，往往能够收获更加理性的答案。只有将自己置身于局外，才能真正看清事物内在的本质。

然而，想要身处局中依旧保持置身事外的心态，其实并不容易。更何况我们在生活中要面临太多的决策，想要对每个决策进行审慎的分析、理性的思考，显然是不现实的。于是从客观上看，无论我们如何努力，错误依旧可能发生。不过，值得庆幸的是，在我们一生所做的成千上万项决策当中，真正重要到能够影响我们人生走向的，其实并不太多。因此，尽管我们收获了一个坏消息——无论我们付出怎样的努力，或者变得再聪明，都无法阻止错误的发生；但与此同时，我们还拥有一个好消息——错误，远没有我们想象中那样可怕。

不存在的“完美决策”

俄国作家车尔尼雪夫斯基说：“历史的道路不是涅瓦大街上的人行道，它完全是在田野中前行的，有时穿过尘埃，有时穿过泥泞，有时横渡沼泽，有时行经丛林。”同样的，人生的道路也不是一片坦途。尽管我们讨厌出错，讨厌身陷过错之中使我们的物质蒙受损失，更为我们的精神带来自责、恐慌、愤怒等痛苦。尽管我们期望完美，期望错误永远不会发生。然而，生活中并不存在完美，错误总会发生。

如何做出一个完美的决策？完美意味着没有损失的、最佳的。想要做到这一点，必须穷尽所有信息，罗列出所有的可能性进行比较，并从中挑选出最佳的选项。但在生活中，这样的做法显然并不现实。一方面，人的认知具有天然的局限性，尽管互联网为我们带来了海量的信息，我们依旧无法穷尽全部的可能性；

另一方面，我们似乎无时无刻不在进行着决策，如果每一个决策都需要经历信息的搜集抓取、处理筛选、分析比较得出，需要耗费太多的时间与精力，这显然也是难以实现的。

即使我们能够穷尽所有的信息选出最佳的决策，这一决策也很有可能不是完美的。所谓“失之东隅，得之桑榆”，大多数的决策在收获的同时都是伴随着损失的，鱼与熊掌难以兼得。此外，站在不同的角度看待同一件事件也极有可能产生彼此不同甚至完全相反的结论。甚至于，当数量庞大的人群都达成一致的意见时，这一意见反而更可能是存在巨大问题的。古犹太人便深知“一致性悖论”，如果事情完美到近乎不真实，其中多半是有误。也正因为如此，古犹太法律会规定，如果受审嫌疑人被所有法官一致判为有罪，那么该嫌疑人反而会被无罪释放。

越来越多的证据表明，完美是一种幻觉。片面追求完美不仅不能收获完美，反而更容易造就错误。当你努力追求完美的时候，你会浪费大量的时间徘徊于不同立场之间，聚焦于各类细节之上，如此不仅会大大降低决策的效率，更有可能无法做出任何有效的决策。当你执着于完美之时，你会发现事物永远存在瑕疵之处，会对自己完成的一切感到灰心失望。深陷对完美的追逐之中，会使你的控制欲越来越强，精力却逐渐衰弱，对身心健康造成严重的损害。并且，完美是脆弱的，即使你完美地完成了一个项目，它也很容易被外界的力量所瓦解。

著名的“秘书难题”，以形象生动的方式，演示了为什么完美解是一种幻想。假设你现在是一名面试官，需要在数位申请人中找到最佳的秘书岗位人选，申请人按照抽签顺序随机入场进行面试。你可以否决这名申请人，但这意味着他被淘汰了，你也丧失了再次选择他的机会；你可以接受这名申请人，但这就意味着你已经为岗位选定了合适的人选，面试终止，你将失去见到后续申请人的机会。在这样的规定下，遴选程序结束过早或者过晚都会造成不理想的结果。结束过早，会导致最优秀的申请人还没来得及出现；结束过晚，很可能意味着你早已错过了最优秀的候选人，而执着于等待一位根本不存在“更优秀”的人出现。想要在早与晚之间找到合适的平衡点，显然是十分困难的。

实验研究表明，最理想的方案是在考察前 37% 的申请人时，不要接受任何人的申请；而对于 37% 之后的申请人，只要比前面所有人都要优秀，就毫不犹豫地选择。在这种方案下，选中最优申请人的概率最高，可以达到 37%。由此可见，即使我们采用最理想的方案，大多数情况下依旧无法选中那名最优秀的申请人。在大多数情况下，我们所努力追逐得出的最优解决方案，往往既不“最优”也不“完美”，不过是基于现有信息所能做出的“较优”决策。

经典的秘书问题设置了这样的前提条件——除了与同批次申请者进行相互比较之外，我们对这些申请者一无所知。如果我们能够更充分地了解这些申请者的信息，情况会大不相同。如果我们能够精准了解每一位申请者的优秀程度、在全体申请者中的排位，当然能够很容易找到那位最优秀的成员。不过这种信息认知程度，显然并不现实。更贴近现实生活中的面试情况的是，我们对整个行业的从业人员水平拥有一个大致的认知，并可根据申请人递交的材料，对其优秀程度进行评估。我们会利用阈值准则，设定一个入选标准，一旦发现某位申请者的优秀程度高于这一标准，便立刻接受他。决策分两步走，先了解，后决定，是我们在大多数决策活动中所遵循的规则。

想要提升决策的准确性，减少错误的概率，信息的收集是必不可少的，信息的处理与分析更是至关重要的。可以说，综合分析的质量决定了决策的质量。我们需要分析事件的轻重缓急程度，我们需要遭遇无数的事件，面临千百次决策，接收海量的信息，如果受困于“细节焦虑症”，不仅会降低决策的准确性，更可能诱发负面心态，导致一系列新问题的发生。我们应当关注事物的变化，警惕自己不要将思维停滞在既有的模式之中。我们要高效认知问题的不同层次，有意识地在不同层次之间转换，而不是盲目相信我们所看到的就是问题的全部。同时，我们可以运用一些工具，有意识地将理性注入问题的解决当中，让思维不再盲目跟随着直觉前行。正如瑞士心理学家所言："除非你意识到你的潜意识，否则潜意识将主导你的人生，而你将其称为命运。"

完美的计划，造就完美的失败

为了预防错误发生，我们学会了制订计划。并且，计划的制订力求足够精细，不只限于年度、季度、月度，而是细致到每一天、每一小时，甚至每一分、每一秒。计划的制订力求环环相扣，打开日程表，一桩事连着一桩事，一个计划接着一个计划。甚至于，我们开始逐渐习惯一个全新的概念——"计划驱动型人生"。但完美的计划往往没有带来完美的成功，而是压力与空虚。甚至当一个目标达成时，你也丝毫感受不到成功的喜悦，只是感觉可以暂时喘一口气，并立刻着手完成下一项计划。

完美的计划往往是理性的、情感抽离的，以此来保障它的精准、客观。然而，逻辑严谨、条理清晰，并不等同于成功的结果。奥地利哲学家路德维希·维特根斯坦曾设计了一栋住宅，设计遵循了他一贯清晰、简单、精准的态度，仅设计门把手和暖气就花费了一年时间。整栋住宅比例非常完美，房间的大小及墙与砖的安排保持在一个恰当的和谐中，色彩搭配兼具透明性与谨慎性，材料选用考究耐用。维特根斯坦的姐姐赫尔米娜对这栋住宅称赞有加："每一个门、窗、暖气，都好像是优雅的精密仪器，有着永不倦怠的能量，所有细节都落实得无可挑剔。"这看起来应当是一栋完全的房子。

然而，赫尔米娜并没有选择入住这栋住宅，事实上，她在称赞这栋住宅完美设计的同时，也不得不承认，它是呆板的、冰冷的，不适宜居住的。赫尔米娜坦言："虽然我很喜欢这座房子，但我知道我并不想，也不能住在这里。它似乎是一座让神居住的殿堂，而不是我这样小小凡人的栖身之所。面对这座房子时，我甚至需要克服内心小小的恐惧和不安，对这座房子的内在逻辑的不安。我认为，这座房子是完美的，也是纪念碑式的。"然而，无论设计多么完美，一栋无法作为居所的房子，显然是一栋完全失败的房子。

由于情感的抽离，计划虽是“完美”的，却也是缺乏生命力的。缺乏热情，缺乏自动力，缺乏创新精神，因而格外脆弱。日本京瓷创始人稻盛和夫直言：“只有热爱工作，并能从中得到无尽乐趣的人，才能收获成功。”在完美计划的压力下，你或许会按部就班地推动工作步步向前，但这种压力的推动会使你仅仅将工作作为一种任务，对此缺乏坚忍与毅力，更缺乏“多做一点”“多想一点”的欲望。在这种状态下，工作或许不会做得太差，但也不会做得太好。而如果计划过于严苛，你更可能在完成计划之前被计划所压垮，进而迎来彻底的失败。而当你选择热爱工作时，会自然而然地全身心投入其中，任何努力也不会觉得辛苦。热爱所激发的动力，使得你工作越多，越能发现自己的知识、能力、技能获得在不断累积。此时的你不是在完成任务，而是在自我提升，因而更容易获得巨大的成就感与自信，进而产生向下一个目标挑战的欲望以及探索更多问题解决路径的兴致。

我们认同理性的价值，但单方面依靠理性规则运转的生活，是难以实现的，更是十分危险的。寄期望于以理性的力量阻断错误的发生，通过完美的计划阻断一切意外发生的可能性，不仅是不切实际的，更可能适得其反，使我们迎来“完美的失败”。

◇ 可能出错的，可能不出错

小概率事件发生所造成的震惊，使我们对小概率事件关注有加。它仿佛一个神秘的幽灵，总会突然出现，制造一场意料之外的麻烦。我们难以预测它会在何时、何处，以何种形式发生，不知道它可能造成多大的损失，并为此忧心忡忡。却已然忘却，小概率事件之所以被称为小概率事件，正是因为它发生的概率极低。我们总是选择性地记住那些事件爆发的时刻，却忘记了，平凡的生活总是多过意外的瞬间，更多的时候，小概率事件不曾真正降临。可能出错的，在很多时候，从未真正出错。

坏事正在随机发生

统计数据显示，一个美国人一生中大约会有 15% 的概率经历一次天灾或者人祸，如果将车祸等个人灾难包括进来，这一概率会增加到 2/3。当然，这在很大程度上缘于我们处于一个发达的信息时代，在信息闭塞的时代，你终其一生可能都没有机会见识一次真正的灾难。而信息时代所营造出的“天涯若比邻”的效果，不仅使全球范围内的资源共享、优势互补成为现实，危机的传播也变得更加便捷。几乎每天在互联网上，你都会见证一场场大大小小灾难的发生，尽管这些坏事发生的地点可能距离你千里之外，但你依旧可以感受到身临其境的震撼。某种程度上讲，通过互联网媒介，你“亲眼目睹”了一场场灾难的发生。于是，坏事发生的概率并没有增加，但辐射的范围却显著提升。你会感觉，错误似乎无时无刻不在身边出现，并且无法预测，难以预防。

正因为如此，英国社会学家齐格蒙·鲍曼将我们所处的时代称为“流动的时代”。在这个时代中，一切都在变化，世界被液态的、偶然的、不确定和不安全的因素所占据，我们被从四面八方拥来的超量的坏消息所困扰，并因此心怀恐惧。我们看似生活在一个更安全、更先进的社会之中，衣食无忧，物质丰富，却无时不在不安全感的阴影之下，地震、火灾、瘟疫、金融危机、街头暴动……几乎每一天都能听到灾难发生的消息。齐格蒙·鲍曼坦言："恐惧是我们这个时代的决定性标志。社会保护我们远离恐惧的机制，只是制造更多的恐惧。"我们恐惧，是因为我们不知道下一刻会发生什么，不知道下一刻灾难会不会降临到我们身边。我们恐惧，更是因为我们对灾难的发生似乎无能为力，无法控制，无从改变。

然而仔细思考，巨大的灾难切实发生在我们身上的概率依旧微乎其微，在保障措施日益完善的当代社会，这种概率被进一步降低了。恰如身处一个保障相对完善的国家，失业后依旧可以凭借政府的补助而生活，此时失业也就不再成为一种巨大的灾难了。但我们对于坏事发生的恐惧与担忧，却似乎远超过去任何一个时代。心理学家认为，灾难意味着两种层面的崩塌，一种是物理层面世界的崩塌，一种是心理世界的崩塌。于是，即使我们只是作为灾难的见证者而非亲历者，物理世界的崩塌对我们造成的影响微乎其微，却依旧需要承受心理世界的崩塌。灾难面前，这个世界让我们感到不再安全了。曾经我们对于这个世界明确的、清晰的认知、理解、规划，一瞬间变得不再适用。我们猛然发现，世界并不是以我们想象中的方式运行的，所谓秩序与意义，不过是我们赋予这个世界的预设，真实的世界是无序的，伴随着永恒的且无计消除的不确定性。无论我们做出怎样的努力，坏事依旧会随机地发生，这无疑打击了我们的自信心。与其说灾难的发生使我们丧失了对外部世界的控制权，不如说灾难使我们发现，我们从未掌握对世界的控制权。而对于鲜少了解、无法控制的事物，人们往往是拒绝的、担忧的、恐惧的。

我们似乎忘记了，不确定的世界在带来不确定的坏事的同时，更多的时候，也在创造不确定的“惊喜”。不确定性并不总是坏的，我们讨厌飞来横祸，却期望天降幸运。当坏事发生时，我们为其未知的发展走向、破坏程度而焦灼不安；但面对生活中的绝大多数时刻时，我们就像看电影前讨厌被剧透一样，喜爱探索、冒险、追寻，讨厌在他人口中得知事情的结局。试想，如果世界的运行规则是确定的，那一切将变得多么无趣，又多么绝望。因为确定的结局意味着无论付出怎样的努力，都不会存在任何转机的希望，这显然是一种比坏事随机出现更令人恐惧的状态。

海森堡的不确定性原理告诉我们，没有一个物理事件能够被以绝对的确定性描述出来，我们知道的越多，确定的越少。但那又有什么关系呢？事实上，人类几乎所有伟大的发现，都是在不确定的边缘冒险。某种意义上，人类社会的发展演进，正是源于我们永远对新事物保持好奇，永远向新证据敞开怀抱。世界的复杂性、矛盾性、无序性，让我们充满疑惑，心生焦虑，却又斗志昂扬。我们不断发现解释世界的“规则”，在混乱之处置入秩序，又不断发现这些规则是不完善的，甚至是错误的，进而创立新的规则。坏事总会随机地出现，人又总会犯下各式各样的错误，但这些并不可怕。因为，在坏事随机出现的同时，好事也会随机出现；人固然会犯错，但更会创造新的事物，弥补旧的过失。而不承认世界的无序性，不承认自己可能出错，迷失在控制一切的幻觉之中故步自封，或者因突然出现的意外打乱了计划而恐惧、愤怒，才是真正可怕之处。

随机选择可能不合理，但却有用

理性与规则，是对抗错误发生的利器。正因如此，我们会制订计划、设置预案、书写规范。但理性与规则不是万能的。很多时候我们依据随机做出的选择，甚至优于应用理性分析得出的结论，尽管我们一直不愿正视这一点。

随机选择真的毫无道理吗？斯坦福大学研究生迈克尔·达夫阅读了许多关于印度尼西亚一个古老部落的文献，这个部落至今居住在婆罗洲热带雨林中，凭借刀耕火种自给自足。颇具特色的是，这一部族挑选耕作田地的依据是一种鸟类的行踪，他们会踏遍森林寻找预言之鸟出现的位置，并在那里开辟新田。迈克尔·达夫猜想，这种鸟类一定能够识别土地的肥沃程度，因而在无意间充当某种生态指标的功能，帮助部族迅速找出最肥沃的土地。然而，研究的结果却令达夫大失所望，这种鸟类显然不具备这种能力，甚至可以说，其行动轨迹是完全随机的，对于挑选高品质耕作土地毫无参考价值。看来这不过是这个古老部族的一种迷信仪式罢了。但迈克尔·达夫经过深入的研究最终得出结论，这种随机选择的方式或许并不合理，但却行之有效，甚至是这个古老部族所能采取的最优选择。

热带火耕是一项十分复杂的课题，热带雨林之中的降水量变化情况、河流涨落状况、病虫害爆发事件等，即使应用最先进的科学技术，也很难进行准确的预测，更不用说对于这个古老部族的居民了，这基本是一个无解的难题。当面临不确定性难题时，人们往往倾向于通过实证分析找出到某种规律，以期由此找到相对固定模式下的系统的问题解决方式。但生活于热带雨林中的古老部族显然并不具备这样的能力，如果他们一定要依据过往的经验确定某种种植的规则，比如将庄稼种植于河流两侧，在瞬息万变的环境之下，这种固定规则的制定反而可能对农业生产造成灾难。当坏事随机的发生，无法预测、难以捉摸时，古老部族的人们选择以随机应对随机。即使这种选择看起来毫无科学依据，但却行之有效，帮助这个古老部族与复杂多变的环境和谐共处。

相比于理性决策，随机选择其实并非毫无益处。它快速、恒定、成本低廉，不需要经历特殊的训练或指导，能够使人心态平静坦然地接受其所得出的结果，并帮助人们时刻保持一颗应变的心。正如我们在考试时无法判断哪个选项是正确的，会借助掷骰子的方式选择一个答案。当理性不足以帮助我们找到不确定世界中的规律的时候，借助随机的力量远远好过什么都不做，更好过牵强附会一条并不存在的规则。固然，随机选择排除了对事物运作合理理由的探索，但它也同时消除了不合理理由强加在人们身上的影响。正如都柏林圣三一学院政治理论学家彼得·斯通所言，随机选择具有排除一切决策理由的“净化效应”，“当你随机选择时，你的选择无须基于任何理由”。

当代社会，理性与规则已经能够帮助我们解决太多问题，以至于让我们开始错认为，只要不断遵从规则、完善规则，就足以解决生活中面对的所有问题。这就难怪当坏事脱离我们固有的规则认知，随机地发生时，会对我们造成极大程度的震撼。然而，在这个流动的时代，坏事持续不断地在我们不曾预料的时刻，以我们不曾准备的方式突然出现。我们的生活依旧在不断受到突然的变化、偶发状况、主观评判与偏见等不确定因素的影响。我们尝试设置繁杂的规则以阻断坏事发生的路径，但这些规则大多并不充分，甚至本身可能并不正确。不可否认，其中一些规则的确在问题的预防与解决中发挥了作用，但当面对一些完全随机发生的坏事时，这些规则失灵了，甚至造成巨大的损害。正如康德所讲："理性的首要任务就是意识到自身的局限性。"我们相信理性的力量，更应当正视这种力量存在的不足。

我们似乎忘记了，规则之外，我们依旧具备应对坏事发生的能力，也因此会在规则失效时陷入恐慌、无助的状态。事实上，在尚未掌握那么多的技术与规则的远古社会，我们面对更多无法预测、无力解决的风险，依旧顽强地生存了下来。我们远比想象中更有能力应对坏事的发生，即使在山穷水尽之时，我们依旧可以应用随机选择的方式，摆脱意外的困扰。

每个决策都做错，你仍然可能成功

我们制定了翔实的规划，步步追踪，付出诸多努力将事物的发展控制在预想的范围之内。我们讨厌那些突如其来的坏事，因为它们总会让事物偏离预想的轨道，滑向失控的边缘。而“失控”往往就意味着错误，意味着前期细致的准备全部功亏一篑，意味着“一招不慎，满盘皆输”。然而，如果所有的事情都按照计划的轨道运行，我们固然不会再受到“意外”的困扰，却也丧失了创新与突破的可能性。坏事的发生的确会对我们造成困扰，但即使在面对这些坏事时采取了错误的决策方式，也并不意味着我们必将因此迎来失败的结局。甚至于，这些打破常规的“坏事”会成为我们走向成功的推手。

英国统计学家乔治·布克斯有这样一句名言：“所有的模型都是错的，但其中有些还有点用。”在他眼中，即使是最好的模型也是不完美的，也可能出错，但这并不妨碍模型适用于生活中的绝大多数情况。错误的确会发生，但所有的模型无不是在不断试错的过程当中不断趋于完善的。错误对于模型的价值不在于验证它的不完美，而在于帮助其不断趋于完美。所以，当我们阻断了错误发生的可能性的时候，也同时阻断了创新与突破发生的可能性。而相比于错误甚至失败，我们更应当害怕的是故步自封、止步不前。

即使在全美乃至全球各个国家高新技术产业不断发展壮大的今天，硅谷在全球高新技术创新和发展领域依旧占据举足轻重的位置。其引领了半导体、通信、互联网、新能源、人工智能等一波又一波的科技革命浪潮，孕育了惠普、思科、英特尔、谷歌、苹果等一大批全球顶尖的高新技术企业。硅谷也因此被称为追梦者和进取者的天堂。而十分有意思的是，硅谷取得如此成功的秘诀之一，恰恰在于其对失败的包容甚至热爱。大多数的创新创业者的职业生涯开始于一个不成熟甚至失败的想法，成功的公司往往建立在无数失败案例的基础上，成功的创业者无不经过失败的洗礼。为了表达对失败的尊重，硅谷的创业者们甚至连续数年举办了名为“成功之母”的论坛，探讨从失败中吸取的各种教训。

硅谷人对失败抱有如此宽容的态度，自然不是因为他们与常人不同，相比于成功更偏爱失败，而是因为他们重视从失败中吸取经验，更害怕创业者们因恐惧失败而丧失尝试的热情。

毕竟，没有人能够预先知道什么样的项目能够成功，什么样的尝试可能失败。即使是谷歌、苹果这样知名的企业，成长壮大的每一步也伴随着无数失败的尝试。毕竟，创新意味着打破常规，意味着迎接更多失败的风险。在硅谷人眼中，失败的案例层出不穷，恰恰意味着无数人正在勇敢尝试，意味着硅谷正保持着欣欣向荣的创新力；相应地，如果失败案例的数量不断下降，反而是值得担心的，因为这说明创新衰弱、活力不再。

华为总裁任正非对于错误的发生也持相对包容的态度，他曾表示："我们的管理不能过于严格，否则容易让人谨小慎微。多干一定会多错，这是一个基本原理。"错误的发生是业务运行的必然，做事情就可能出错，多做事情就可能多出错。当然，我们都希望不犯错误，但零差错是一种理想而不是现实。如果片面强调实现零差错，其最终导致的结果只可能是以下两种：要么是因畏惧出错而选择不作为，要么是怕错误被发现而选择隐瞒错误。而无论哪一种结果，都将造成比错误的发生本身更加严重的后果。

不同于常规思维中我们所认为的那样，没有问题其实并不是一件值得庆幸的事情。事实上，没有问题本身就是最大的问题。我们不妨思考一下，通常在什么情况下我们会认为一件事情是没有问题的。这很可能是经验使然，即大家都曾经尝试过，并认同这是安全的、正确的。而我们认知中的成功的企业或者个人，却从来都是潮流的引领者，而不是追随者。他们在做的，从来不是践行某条既有的成功规则，而是创造新的规则。

不怕犯错，勇于尝试，说起来十分容易，做起来却难。即使我们明白失败可能带来的损害远没有想象中那样严重，即使我们了解一两次失败的尝试不会阻断通往成功之路，但当我们真正面临未知的挑战时，趋利避害的天性依旧使我们习惯性地躲开。我们不愿冒险，因为对风险中损失的恐惧远远超过了对可能收益的渴望。我们应当努力使自己将“错误”与“损失”脱钩，将错误的发生看作一件平常甚至幸运的事情。正如 Facebook 创始人扎克伯格所说：“不要担心你会经常犯错误，错误就是你可以学习的地方，真正的问题是你怎样从错误中学习。”面对错误，不妨将主要的精力放在认知与改进上面，减少常识性、重复性错误发生的概率。毕竟，坏事可能随机发生，可能为我们带来损失，也可能为我们创造收益；而因人为疏漏导致的重复性错误的发生，却真真切切是一种错误。

我们认识到错误的发生可能带来的益处，并不意味着对错误采取视而不见的放任态度，更不意味着主动创造错误。正如哈佛商学院社会科学教授弗朗西斯卡·吉诺所言：“反叛者打破了阻碍人们前进的规则，但他们打破规则的方式是建设性的，而不是破坏性的，才将带来积极的变化。”而即使是建设性的打破规则，也应当注意其可能产生的负面影响，预想到可能造成的后果。简单来说，我们不喜欢错误的发生，当坏事突然降临，我们有理由提前做好准备；但我们也不惧怕错误的发生，不惧怕大胆尝试、勇往直前，即使因此遭遇失败，我们也能从中吸取教训，迅速恢复状态，更好地前行。

◇ 失败总是刻骨铭心

相比于平凡的日常，我们更容易记住那些不经常发生的、意外出现的事情；相比于快乐的瞬间，那些糟糕的、不幸的事情更容易烙印在心里，以至于即便在多年之后，当时的每一个瞬间、每一项抉择，依旧格外清晰、深刻。的确，失败总是令人刻骨铭心，特别是对于那些小概率的坏事，它们在我们的脑海中远比真实的状态更可怕、更容易发生。

负面记忆背后的进化逻辑

我们为什么总能记住那些发生的坏事，特别是对于一些灾难性的悲剧？美国亚利桑那州立大学的研究人员研究证明，当我们遭遇负面经历时，身体会释放两种主要的应激激素：去甲肾上腺素和皮质醇。其中，去甲肾上腺素可以有效提升心率，帮助我们迅速做出战斗或者逃跑的反应。当去甲肾上腺素作用于大脑时，则可以作为一种强大的神经递质或化学信使，能够有效增强记忆力。而大脑皮质醇也具有增强记忆的功能。如果这些负面经历能够在事发后诱发足量的皮质醇，或者能够在事发过程中或事发后短时间内释放出去甲肾上腺素，这些负面的经历都可以轻易地被唤醒。

此外，人脑中连接负面记忆的神经会比连接积极记忆的更为牢固。这是人脑在经历了漫长的进化历程之后演变而成的，其主要功能依旧是维持人类的生存与繁衍。而大脑的记忆能力是取决于其动机的。相比于积极记忆，负面记忆中显然包含了更多值得吸取的经验与教训。为了更好地生存，进化赋予了人类在失败的教训当中进行学习的能力，并通过创造懊恼、内疚、自责等深刻的情感体验，帮助人们记住这些负面经历，使人们面临相似的场景时，能够迅速调取这些记忆，不至于再次犯下相同的错误。

消极的情感体验的确能帮助人们更加深刻地记住这些负面经历，却也使人们背负上沉重的心理负担。为了减轻这些负面情感带来的痛苦，人脑进化出了一种简单且行之有效的自我保护机制，即一种名为“归因”的心理机制。何为归因，简单来讲就是为自己编造一套理由和说辞，以安抚负面情绪。而对于归因，人类存在着两种截然不同的倾向：一种是内部归因，即从自己身上找寻错误的原因；一种是外部归因，即将错误的发生归结于他人或者周边环境，以维持积极的自我形象，保持自尊及良好的自我感觉。于是，当错误发生时，大脑会开启这种“自我保护机制”，以一连串逻辑自洽的说辞来进行自我辩护。而这套说辞往往既不严谨也不正确，反而可能成为推动自己将错误延续下去的力量。于是，一个十分有趣的现象发生了，进化的力量使得我们学会记住了错误，又引导我们主动创造了错误。

错误管理理论告诉我们，大脑通过进化最终形成了一种“大错不犯，小错不断”的特殊模式，以最大可能帮助我们适应这个多变的世界。有些负面的记忆会根植在心中，以至于使我们犯下“认知偏见”的错误，但这种错误的出现初衷是为了保护我们免受更严重错误的威胁。例如，我们曾经见过或者亲身遭遇过误食毒蘑菇的经历，当我们在野外见到一种陌生的蘑菇时，这种记忆会提示我们不要吃、远离它。不认识的蘑菇一定是有毒的吗？这其中当然包含有“一朝被蛇咬，十年怕井绳”

式的偏见。但相比于吃下有毒的蘑菇，将无毒的蘑菇错认为有毒的代价显然是微乎其微的。大脑通过创造一个小错误的方式，成功避免了一个大错误的发生。

得不到的永远在骚动

最让人铭记于心的，往往不是已经获得的成就与荣誉，而是那些因突然出现的意外或者不小心发生的错误造就的“未竟之事”。俗话说：“得不到的，永远是最好的。”我们总会费尽心力追寻那些我们求而不得的东西，但当真正得到时，又会感到空虚、不过如此。相应地，我们会对那些失败的瞬间耿耿于怀，对于那些成功的收获只有一句轻描淡写的“这是我应得的”。

心理学家们通过“蔡格尼克记忆效应”解释了这一现象。该效应认为，人们天生有一种办事有始有终的驱动力，因此对于尚未完成的事务，比已处理完成的事情印象更加深刻。无论在视觉上还是心理上，人们都追求构造一个完整且闭合的图形，希望生命中每件事都有始有终。当人们渴望获得一个事物时，内心的欲望会占据主导地位。如果成功获得了，在感受成功美好的瞬间，人脑会分泌一种名为“多巴胺”的神经传导介质，帮助人们收获满足感与愉悦感。但这种愉悦感持续的时间并不长，因为对于同一件事物的刺激，多巴胺的分泌会呈现不断下降的趋势，人们从中能够收获的满足感与愉悦感也相应逐步降低。而如果因为种种原因使事物的获取最终失败呢？人们会因此感到不甘、愤怒、焦虑，这些负面情绪会保持相当长的时间。

如果将注意力过多地放在“失去的可能性”上，人会变得十分偏执，十分不快乐。一直怀揣着这种“本可以却没有获得成功”隐痛折磨的人，往往会选择以补偿或发泄的形式，来逃避这种痛苦。所谓补偿，就是指反复地将自己置于相似的场景或关系当中，完成未竟之事。所谓发泄，就是指通过争吵、哭泣等形式完成情绪的宣泄。但这些形式并不能从根本上消解内心的痛苦，反而容易诱发内心的空虚。心理学家认为：“当人们将不被允许、未能实现的心愿压抑下去，压抑到自己的意识都忘记了它们的存在——这种对无法完成的愿望的压抑，就是空虚感的核心特征。”一味地执着于过去未完成的事情，不仅对于那些失败的过往于事无补，更可能为当下和未来酿就更多遗憾。

想要真正消除失败的过往在心底烙下的“求而不得”的烙印，最好的方式当然是趁事情尚未成为定局时，采取积极的措施，对其进行补救，帮助事情回归正确的轨道，将可能的错误消灭于萌芽状态。不过，更多的时候，错误的发生已经造成难以弥补的损失，失败的结局已经无力挽回。好在一次失败并不代表着次次失败。我们首先应当做的是正视这段既成的事实，毕竟直面痛苦是放下痛苦最好的方式之一。同时，在错误中吸取营养、发现教训，以更好的状态迎接下一次挑战，不让这次痛苦的经历白白浪费。

被放大的小概率

墨菲定律告诉我们，可能出现的错误，即使概率再小，终将会出错。对此，科学家们关注的重点在于“概率”，而大多数普通人关注的重点在于“终将出错”。火山、地震、恐怖袭击，科学家们说这些灾难的确可能发生，但却都是小概率事件，大多数人终其一生都不会亲身经历，完全无须恐慌。但普通人心中只有一个疑问：“万一呢？”时代的一粒尘，落在个人头上，就是一座山。即使是仅有 0.0001% 发生概率的事件，对于那个身处其中的不幸者来说，也是 100%。这便不难理解，我们为什么总会不自觉地放大小概率坏事发生的概率了。

心理学家丹尼尔·卡尼曼和埃姆斯·特维尔斯基曾做过

这样一个实验，他们先向被试者提出这样一个问题：在千分之一的概率获得 5000 元与 100% 的概率获得 5 元两种情形之中，你更倾向于选择哪一个？结果，绝大多数被试者选择了千分之一的概率获得 5000 元。紧接着，卡尼曼和特维尔斯基提出了第二个问题：如果在千分之一的概率损失 5000 元与 100% 的概率损失 5 元两种情形之中，你更倾向于选择哪一个？这一次，绝大多数人选择了 100% 的概率损失 5 元。我们发现，在第一个问题中，人们为获得收益乐意承担更高的风险；而在第二个问题中，当人们面临损失时，更倾向于风险规避。这两大问题共同诠释了同一规律——当面临小概率事件时，人们不仅会夸大小概率事件可能的收益，也会夸大小概率事件可能的风险。简而言之，人们往往会倾向于更高估计小概率事件在自己身上发生的可能性。

科学家们会孜孜不倦地研究各类事物发生的可能性，甚至形成一个数字化的明确预估。但在日常生活中，人们对一件事物发生概率的预估往往只包含三种情况，即“一定发生”“不可能发生”“可能发生”。于是，对于科学家们来说，一个发生概率在 0.001% 的事件与一个发生概率为 1% 的事件之间，或许存在着天壤之别。但在大多数人的日常人之中，两者之间并无不同，都足以为其发生的可能性而感到不安。

然而，生活中的绝大多数事都不能做到“一定发生”或者“不可能发生”，而是出于可能发生、可能不发生的中间阶段。如果我们对所有可能发生的事情惴惴不安，生活必将无法持续下去。如果精确的数据无法安抚我们不安的情绪，我们将如何最大程度使自己不受到不确定性的困扰呢？

一方面，我们会通过一些看似无用的周边信息，在认知中将可能发生的事件转化为“一定发生”或者“不可能发生”。例如，如果我们连续 5 次掷出的硬币都保持正面向上，那么第 6 次掷出硬币时，这枚硬币会是正面向上还是反面向上呢？科学家们会告诉我们，正面与反面的概率各占 50%，与掷出过多少次硬币，或者之前掷出的硬币是正面或是反面向上毫无关联。但在日常生活中，我们在面临这种情况时，往往会十分笃定第 6 次掷出的硬币一定会是反面向上，因为对于一件很长时间没有发生的事，我们会相信这件事发生的概率更大。当然，你也可能笃定第 6 次掷出的一定会是正面向上，因为连续 5 次掷出正面实在是一种小概率事件，以至于使你相信其中是否存在某种超自然的力量创造了这场奇迹。不过，无论笃定正面向上还是反面向上，你都在认知中将这件不确定的可能事件，转化成了一个确定事件。

另一方面，我们会倾向于选择一种最大限度令我们“不后悔”的方案，而这个方案与概率的大小并无关系。例如，天气预报说今天可能下雨，那么准备出门的你，是否会决定带伞出门呢？如果带伞的话，最坏的情况可能是没下雨却多带了一把伞；而如果不带伞出门，最坏的情况可能是因下雨而被淋成落汤鸡。此时，你决定带伞出门，与天气预报中报道今日降水概率为 70% 还是 90% 并无关系，而是在带伞出门与不带伞出门两种选项之间，做出了一个更可能令你不后悔的选择。

由此看来，我们之所以会放大小概率事件发生的概率，与概率本身可能并无关系。那些细微的数字差异，并不为普通人所了解甚至关注。所谓“放大概率”的决策，不过是因为这一事件经由媒体广泛报道，为我们留下太深印象，甚至仅仅是为了做出一个能够在最大程度上令我们“不后悔”的“以防万一”的抉择。

◇ 错误，谢谢你

无论出于何种因素，正如墨菲定律所描绘的那样，人总是会犯错。但犯错未必是一件坏事。很多时候，逆境承担了踏上成功之路的阶梯，错误扮演了打开成功之门的钥匙。我们正是通过不断遭遇坏事，不断犯错，进而不断吸取教训，不断成长，不断变强的。

正视错误，收获进步的力量

美国田纳西银行总经理特里有这样一句至理名言："承认错误是一个人最大的力量源泉，因为正视错误的人将得到错误以外的东西。"特里法则的核心价值就在于强调敢于正视错误本身是十分有价值的。

正视错误，错误才不会变得更糟。提到错误，我们总会联想到损失、痛苦，我们畏惧于错误的强大，战战兢兢，不敢前行，这是一种天然的“心理防御机制”。所谓心理防御机制，是奥地利著名心理学家西格蒙德·弗洛伊德所提出的一个概念。这一理论认为，当我们面对某一种想法或感受时，如果发现它会给我们带来痛苦，我们便会竭力避开它，将它阻挡到意识领域之外的潜意识领域中，不去直接感知。然而，无论我们如何躲避，错误依旧会发生。甚至我们越是躲避，错误越是严重。

为了躲避已经发生的错误，我们会尝试隐瞒它。但隐瞒往往意味着谎言，而一个谎言的开始需要无数个谎言去掩饰，这本质上就是一种用无数错误去弥补一个错误的行为。且谎言终有一天会被揭穿，彼时我们将面对的不仅是小错误成长为大错误，更是无数被蒙蔽者的愤怒、质疑。

当然，面对错误的发生，我们也可能会选择去粉饰它。我们会认为，犯错是一件丢面子的事情，因此想方设法掩盖它，期望借此加深他人对我们的良好印象。然而，掩饰总有失效的时刻，当这一时刻来临，公之于众的不仅是犯下的错误，还包括不敢承认错误的懦弱。

自然，还有自我欺骗。我们甚至会相信，只要我们不去看，错误就不会存在。我们会通过游戏、饮酒麻醉自己，甚至索性选择“不去做事就不会出错”的态度。但这些自我欺骗的方式所能带来的，并不是真正的快乐，而只有片刻的放纵以及长久的空虚。

人们说，“人生最大的错误是逃避”。事实上，逃避问题所存在的最大问题在于，其不能解决任何问题。逃避会为我们争取到一个短暂的缓冲和过渡的时间，让我们在压力面前喘一口气，但做错的事情没有任何改变，造成的损失没有任何弥补，这些问题和痛苦我们迟早都要面对。所有的逃避都好像注入了一剂镇静剂，其或许能短暂地缓解痛苦，但药效一过，要么会迎来更深的痛苦——越犯错，越害怕；越害怕，越躲避；越躲避，越犯错……使我们陷入不断犯错、不断懦弱的恶性循环之中。要么会使我们对“逃避”这种镇静剂形成依赖。久而久之，我们甚至不敢去触碰任何事，不敢去面对任何问题。我们以为自己是在拒绝错误，实际却是在拒绝成长、拒绝尝试，甚至拒绝生活本身。不面对，削弱了我们应对问题的能力，也削弱了我们面对这个世界的能力。

错误可能令人刻骨铭心，但错误绝不意味着失败。那么，错误与失败之间，究竟保持着一种怎样的关系呢？纳西姆·尼古拉斯·塔勒布在自己所写的书中是这样描绘“失败者”的：“失败者往往在犯错之后不自省、不探究、觉得难堪，他们听不得批评的话语，试图解释自己的错误而不是用新的信息丰富自己，开启新的历程。这些人往往视自己为‘受害者’，受制于某个大阴谋、糟糕的老板，或是恶劣的天气。”由此可见，真正让“失败者”成为“失败者”的，不是错误，而是“拒绝错误”。

正视错误真的是一个如此困难的问题吗？错误的确会为我们造成许多痛苦，但它们真实的形态远没有想象中的形态对我们造成的压力那般沉重。美国斯坦福大学心理学教授凯利·麦格尼格尔曾用 8 年时间追踪了 3 万名美国成年人，得出一个有趣的发现，那些相信压力有害而自身承受着较小压力的人相对于不相信压力有害反而承受着巨大压力的人，因承受压力的死亡风险更高。甚至不同于我们所认知的那样，当我们遭受到压力时，脑垂体会释放一种名为催产素的压力性激素，帮助我们对抗压力。同时，它也是一种天然的消炎药，有益于我们的身体。

简单来讲，压力本身并不会对我们造成什么巨大的影响，但“认为压力有害的想法”，却会沉重危害我们的健康水平。放在错误的发生上，错误所真实创造的压力与痛苦，远不如我们想象“错误是可怕的”所带来的压力与痛苦。甚至，错误的发生本身可能也是一种“幸运”。正如成功学大师拿破仑·希尔所说的那样：“那些经常被视为失败的事，往往不过是短暂的挫折。反而，那些短暂的挫折实际是一种幸福，因为它会促使我们振作起来，调整自己努力的方向，令我们向着不同却更加美好的方向前行。”

从错误中学习

错误会带来损失，但绝非一无是处。至少，通过错误我们可以吸取教训、总结经验，从错误中进行学习，从错误中收获成长。进而，改正错误，完善自我，使类似的错误不再发生。

错误的一大益处在于可以承担一种信息源的作用，告诉我们哪些行为是不可取的，哪些道路是行不通的，进而帮助我们不断优化行为处事的方式，不断纠正前行的道路，发现更有效、更精准解决问题的路径。这也使得许多企业不仅引导员工正视错误、敢于犯错，甚至鼓励员工主动试错，创造问题。例如，美国电商巨头亚马逊便将试错文化发挥到了极致。被称为“亚马逊最大败笔”的 Fire Phone 智能手机由于初始定价过高、配置亮点不足等多重原因，上市一个月后出货量仅 3 万部，销量异常惨淡。但亚马逊首席执行官杰夫 · 贝索斯却表示，这是一个宝贵的学习过程，他为 Fire Phone 的失败感到自豪。贝索斯在接受《华盛顿邮报》采访时直言：“如果你认为 Fire Phone 是一个大错，那么我们目前在开发‘更大的错误’。我是认真的，部分新产品将使 Fire Phone 的问题不值一提。亚马逊取得的每一个成功无不伴随着巨大的风险，无不是我们坚持不懈的结果。在我们的计划中，部分取得了成功，大多数则没有成功。我们能吸取每一次失败的教训，跌倒后爬起来继续前行。”Fire Phone 的试错失败了，但亚马逊也吸取了这次巨大错误带来的宝贵教训，并将其应用于后续产品的研发当中。

而对于个人，错误可以教会我们提升自我，收获成长。在文学家歌德眼中，“人生最大的幸福在于我们的缺点得到纠正，我们的错误得到弥补”。唐太宗虚心纳谏，开创“贞观之治”的典故为大家所广泛熟知，“以铜为镜，可以正衣冠；以史为镜，可以知兴替；以人为镜，可以明得失”的名言更是振聋发聩。这正是因为唐太宗明白，在错误中可以吸取教训，获得提升。

平心细思，我们绝大部分的收获与成长都是从失败中获得的。犯错误不可怕，可怕的是犯了错误之后不承认、不改正。“人非圣贤，孰能无过”告诫我们人人都会犯错，错误并不可怕；而“知错能改，善莫大焉”教会我们，如果对犯下的错误能够正视、改正，那么错误未必不是人生一笔宝贵的财富。如此，错误越多，改正越及时，成长就越快。在错误中成长，通过改正积累经验，实现自我完善与提升，其实就是每个人成长必然经历的过程。

错误可以教会我们如何避免再次犯下相似的错误，也可以教会我们如何以更加冷静的心态、更加敏锐的观察、更加迅速的反应，发现错误，改正错误。

试想，如果你第一天上班，操作打印机时机器突然不运转了，此时你的反应一定是惊慌无助的。由于第一次遭遇这一问题，你不知道问题发生的原因，无法预估可能造成的结果，更对于如何解决这一问题一团乱麻、毫无头绪。如果你已经是一位身经百战的职场老手了呢？在过去的这些年中，你或许已经无数次遭遇过类似的情况，你可以轻松地判断出是机器过热、卡纸，还是操作失误造成了这一问题，并迅速对症下药。甚至，你可以在打印机发出吱吱咔咔声音的那一刻就迅速做出预判，“坏了，打印机又要罢工了”。由此可见，当你未有过类似的经历时，一个小问题可能演变成大问题；而当你经历过无数类似错误的历练之后，就会更容易、更轻松地将大问题化解为小问题。

联手害处，收获益处

人拥有趋利避害的天性，错误在一般的认知当中，绝不是一件有益的事情。墨菲定理恰恰告诉我们，“错误总会发生”，似乎没有什么比这更加糟糕的事情了。其实不然，且不说错误本身并非全然是一件坏事，即使错误真的有害无益，从害处出发，联手害处，依旧可以收获益处。

或许你不相信，“错误”有可能是被放错的“正确”，你之所以认为它百害无一益，只是因为在有限的认知条件下看不到它的益处。1928 年，英国生物学家弗莱明正在研究导致人体发热的葡萄球菌。某一天，当他用显微镜观察一株在培养皿中的葡萄球菌时，发现这个培养基不慎被霉菌污染了，霉菌周边的葡萄球菌都被杀死了。培养基被污染的情况在当时并不罕见，大多数的研究员会将其视为一个失败的案例，选择将异常的培养基丢掉。但弗莱明却发出了一句不一样的评论“这很有趣啊”，并对被污染的培养基进行了研究。弗莱明猜测，这种霉菌可能分泌了一些能够杀死葡萄球菌的物质，于是他将培养基中的霉菌小心翼翼地提取了出来，将它们纯化培养，最终发现了可以杀死导致人类生病的某些葡萄球菌的“青霉素”，挽救了无数病人的生命。

日本著名导演黑泽明说：“成功就是困难不断产生和人们不断战胜困难的过程。困难有多大，机会就有多大，跨过困难收获的成功就有多大。”相应地，善于发现的人，是可以在错误中收获启迪、发现机遇的。

丹麦科学家雅各布·博尔有一天不慎打碎了一个花瓶，面对散落一地的碎片，相信大多数人此时一定是懊恼、愤怒的。博尔对此当然也很懊恼，但这份懊恼并没有占据他所有的心智。当他看向地上的花瓶碎片时，竟突然涌起了一阵灵光：花瓶的破碎依然无法挽回了，但这一地的碎片，是否存在着某种规律呢？雅各布·博尔将这些碎片搜集起来，按大小排列，并称重记录，结果他发现：10~100 克的碎片数量最少，1~10 克的稍多一些，0.1 克及以下的最多。更有趣的是，大小碎片的重量呈现出严整的倍数关系，即最大块碎片与次大块碎片的重量比为16∶1，次大块碎片与中等碎片的重量比为16∶1，中等碎片与较小碎片的重量比为16∶1……这一“碎花瓶理论”后来被广泛应用于考古研究或天体研究当中，帮助人们通过已知的文物、陨石碎片，推测它的原状。

此外，一个善于思考的人可以“化危为机”。所谓“塞翁失马，焉知非福”，错误或危机在带来一系列负面影响的同时，也潜藏着正面效应，等待人们逆转思维，积极挖掘。当错误发生时，依据所呈现出的最新状况及时调整策略，不仅能够有效扭转错误造成的不利局面，甚至可能使错误成为一种利好因素。

1988年4月，一架波音737客机刚刚起飞就不幸遭遇事故，这场事故造成了一名空姐死亡。像这样的航空事故对于波音公司来说，显然是一次巨大的危机。但波音公司在仔细调查了这次事故之后，发现这架飞机已经飞行20年，起落超9万次，已经变得老旧而疲惫。以此为切入点，波音公司对该事件进行了声势浩大的宣传，宣传的要点是一架飞行20年的飞机在遭遇事故后，依旧能保证机上全体乘客生还，足以说明波音公司的飞机品质优良。如此，一场危机便在波音公司巧妙的运作下迎刃而解，甚至借此提升了公司的口碑与知名度。

如此看来，我们对于错误和危机的发生，不仅不必心存恐惧，甚至应当欣喜地道一声“谢谢”。而当错误与危机不再那么可怕，墨菲定律所力图阐述的，便也不再是一个引人恐慌的断言，而是一种半开玩笑化的警示了。

图书在版编目（CIP）数据

墨菲定律 / 萧雨著 . -- 成都：四川文艺出版社，2020.11
ISBN 978-7-5411-5804-9

Ⅰ . ①墨… Ⅱ . ①萧… Ⅲ . ①成功心理－通俗读物
Ⅳ . ① B848.4-49

中国版本图书馆 CIP 数据核字 (2020) 第 179349 号

MOFEI DINGLÜ

墨菲定律

萧雨 著

出 品 人　张庆宁
出版统筹　刘运东
特约监制　刘思懿
责任编辑　赵海海　燕啸波
特约策划　刘思懿
特约编辑　苟新月　苗玉佳
封面设计　苏　涛
责任校对　汪　平

出版发行　四川文艺出版社（成都市槐树街2号）
网　　址　www.scwys.com
电　　话　028-86259287（发行部）　028-86259303（编辑部）
传　　真　028-86259306

邮购地址　成都市槐树街2号四川文艺出版社邮购部　610031
印　　刷　天津旭丰源印刷有限公司
成品尺寸　145mm×210mm　开　本　32开
印　　张　6.75　字　数　110千字
版　　次　2020年11月第一版　印　次　2020年11月第一次印刷
书　　号　ISBN 978-7-5411-5804-9
定　　价　39.80元